夢幻香水
精油調香課

| 一瓶香水
只需 5 種精油 | 掌握 60 種
精油實作技巧 | 調配 36 種
高級香氣 |

天然精油香水師認證
CNP 創辦人

Sasha 張君怡
―― 著

新手調香入門
從 迷你香水瓶 開始
輕鬆調出 魅力香氛！
***

推薦序 Foreword

葉若維──首位台籍國際香精公司調香師

在現代繁忙的生活中，精油調香不僅是一種放鬆的方式，更是一門融合科學與藝術的生活品味。《夢幻香水 - 精油調香課》這本書，以深入淺出的方式說明，更帶領讀者進入了一個充滿香氛與美感的世界。

Sasha 老師以其深厚的經驗，深入淺出地為我們解開了精油的奧秘。她將複雜的化學原理和精妙的調香技術以通俗易懂的方式呈現給讀者，讓每一位讀者無論是剛剛入門的新手，還是已有多年調香經驗的香氣愛好者，都能在這本書中找到有用的資訊和靈感。透過這本書，我們可以了解不同精油之間的微妙差異，從而創造出屬於我們自己的獨特香氛。

此外，本書還附有許多實用的調香配方，有重要節慶可以使用的香水，每月壽星專屬的香氣禮物，和適合日常情境的調香，每一個配方都經過精心設計，讓我們在家也能輕鬆調配出專屬於自己的香氣。無論是想創造一種放鬆的氛圍，還是希望在聚會上給人留下深刻印象，這些配方都能幫助您達成目標。書中的配方不僅僅是簡單的調香指南，更是一種生活態度的體現。透過親手調配精油，我們得以在忙碌的生活中找到一種平衡，享受那份專屬於自己的寧靜與愉悅。

值得一提的是，本書有許多精油的基本知識，並系統性地將香味歸類。這些實用的資訊讓我們能夠更加靈活地運用精油，以滿足不同的需求。

　　《夢幻香水・精油調香課》是一本不可多得的好書，它將會是您探索精油世界的最佳指南，讓我們一起跟隨 Sasha 老師的腳步，體驗精油的神奇魅力，開啟一段充滿香味與美好的旅程吧！

Natural Ingredients

目錄
Contents

推薦序 ―― 003
作者序 ―― 014

Part 1
主題精油香水的基本調香概念

一、36種精油香水一覽表 ―― 024
二、十一類香水氣味主題的必備原料 ―― 025
三、何謂媒介物、工作瓶、原料 ―― 027
四、如何稀釋精油 ―― 028
五、如何計算香調瓶的滴數和濃度 ―― 030
六、如何計算香水的容量和濃度 ―― 031
七、五大類香水濃度 ―― 033
八、七步驟創作香調 ―― 034
九、七步驟完成精油香水 ―― 036
十、新手最常問的10個 Q&A ―― 041

Part 2
12月分主題精油香水

*1*月 JANUARY
香氣代表 —— 波旁天竺葵

三種主題精油香水的香氣氛圍 —— 047

香水設計概念 —— 048

五種原料小檔案 —— 049

・波旁天竺葵 —— 050

・綠桔 —— 051

・金盞菊 —— 052

・香脂果豆木 —— 053

・岩蘭草 —— 054

製作四種香調 —— 055

節慶香水NO.1：新年 —— 057

生日香水NO.1：一月壽星專屬禮物 —— 058

日常香水NO.1：迎接豐盛的人生 —— 059

*2*月 FEBRUARY
香氣代表 —— 真正薰衣草

三種主題精油香水的香氣氛圍 —— 061

香水設計概念 —— 062

五種原料小檔案 —— 063

・真正薰衣草 —— 064

・綠檸檬 —— 065

· 香蜂草 —— 066

· 廣藿香 —— 067

· 雪松苔原精 —— 068

製作四種香調 —— 069

節慶香水NO.2：農曆新年 —— 071

生日香水NO.2：二月壽星專屬禮物 —— 072

日常香水NO.2：獲得工作上的得勝 —— 073

3月 MARCH
香氣代表 —— 水仙原精

三種主題精油香水的香氣氛圍 —— 075

香水設計概念 —— 077

五種原料小檔案 —— 078

· 水仙原精 —— 079

· 苦橙 —— 080

· 黑醋栗原精 —— 081

· 墨西哥沉香 —— 082

· 古巴香脂 —— 083

製作四種香調 —— 084

節慶香水NO.3：婦女節 —— 086

生日香水NO.3：三月壽星專屬禮物 —— 087

日常香水NO.3：散發特有的魅力 —— 088

4月 APRIL
香氣代表 —— 橙花

三種主題精油香水的香氣氛圍 —— 091

香水設計概念 —— 093

五種原料小檔案 —— 094
・橙花 —— 095
・佛手柑 —— 096
・綠薄荷 —— 097
・大西洋雪松 —— 098
・東印度檀香 —— 099
製作四種香調 —— 100
節慶香水NO.4：世界地球日 —— 102
生日香水NO.4：四月壽星專屬禮物 —— 103
日常香水NO.4：清理負面的情緒 —— 104

5月 MAY
香氣代表 —— 大馬士革玫瑰原精

三種主題精油香水的香氣氛圍 —— 107
香水設計概念 —— 109
五種原料小檔案 —— 110
・大馬士革玫瑰原精 —— 111
・血橙 —— 112
・摩洛哥藍艾菊 —— 113
・零陵香豆原精 —— 114
・香草萃取液 —— 115
製作四種香調 —— 116
節慶香水NO.5：母親節 —— 118
生日香水NO.5：五月壽星專屬禮物 —— 119
日常香水NO.5：擁有愛的力量 —— 120

6月 JUNE

香氣代表 ─── 大花茉莉原精

三種主題精油香水的香氣氛圍 ─── 123

香水設計概念 ─── 125

五種原料小檔案 ─── 126

・大花茉莉原精 ─── 127

・紅桔 ─── 128

・桔葉 ─── 129

・胡蘿蔔籽 ─── 130

・澳洲檀香 ─── 131

製作四種香調 ─── 132

節慶香水NO.6：畢業季 ─── 134

生日香水NO.6：六月壽星專屬禮物 ─── 135

日常香水NO.6：擴展職場的機會 ─── 136

7月 JULY

香氣代表 ─── 桂花原精

三種主題精油香水的香氣氛圍 ─── 139

香水設計概念 ─── 141

五種原料小檔案 ─── 142

・桂花原精 ─── 143

・黃檸檬 ─── 144

・鷹爪豆原精 ─── 145

・維吉尼亞雪松 ─── 146

・黃葵 ─── 147

製作四種香調 ─── 148

節慶香水NO.7：七夕情人節 —— 150
生日香水NO.7：七月壽星專屬禮物 —— 151
日常香水NO.7：展現獨有的姿態 —— 152

8 月 AUGUST
香氣代表 —— **紫羅蘭葉原精**

三種主題精油香水的香氣氛圍 —— 155
香水設計概念 —— 157
五種原料小檔案 —— 158
‧紫羅蘭葉原精 —— 159
‧苦橙葉 —— 160
‧白松香 —— 161
‧花梨木 —— 162
‧阿拉伯乳香 —— 163
製作四種香調 —— 164
節慶香水NO.8：父親節 —— 166
生日香水NO.8：八月壽星專屬禮物 —— 167
日常香水NO.8：培養個人的自信 —— 168

9 月 SEPTEMBER
香氣代表 —— **晚香玉原精**

三種主題精油香水的香氣氛圍 —— 171
香水設計概念 —— 173
五種原料小檔案 —— 174
‧晚香玉原精 —— 175
‧甜橙 —— 176
‧格陵蘭喇叭茶 —— 177

・安息香原精 —— 178
・蘇合香 —— 179
製作四種香調 —— 180
節慶香水NO.9：中秋節 —— 182
生日香水NO.9：九月壽星專屬禮物 —— 183
日常香水NO.9：享有永恆的平安 —— 184

10月 OCTOBER
香氣代表 —— 小花茉莉原精

三種主題精油香水的香氣氛圍 —— 187
香水設計概念 —— 189
五種原料小檔案 —— 190
・小花茉莉原精 —— 191
・葡萄柚 —— 192
・瑪黛茶原精 —— 193
・紅沒藥 —— 194
・岩玫瑰 —— 195
製作四種香調 —— 196
節慶香水NO.10：國際女孩節 —— 198
生日香水NO.10：十月壽星專屬禮物 —— 199
日常香水NO.10：重拾少女心 —— 200

11月 NOVEMBER
香氣代表 —— 白玉蘭

三種主題精油香水的香氣氛圍 —— 203
香水設計概念 —— 205
五種原料小檔案 —— 206

・白玉蘭花 —— 207

・日本柚子 —— 208

・永久花 —— 209

・芳樟 —— 210

・西印度檀香 —— 211

製作四種香調 —— 212

節慶香水NO.11：感恩節 —— 214

生日香水NO.11：十一月壽星專屬禮物 —— 215

日常香水NO.11：找回從容的氣質 —— 216

12 月 DECEMBER
香氣代表 —— 玫瑰草

三種主題精油香水的香氣氛圍 —— 219

香水設計概念 —— 221

五種原料小檔案 —— 222

・玫瑰草 —— 223

・綠苦橙 —— 224

・快樂鼠尾草 —— 225

・沒藥 —— 226

・歐白芷根 —— 227

製作四種香調 —— 228

節慶香水NO.12：聖誕節 —— 230

生日香水NO.12：十二月壽星專屬禮物 —— 231

日常香水NO.12：增添生活的歡樂 —— 232

36種香水配方發想四面向 —— 234

後記 —— 236

- 調香師九大準則 —— 236
- 去愛那些不可愛的原料們 —— 236
- 「氣味資料庫」建立的重要性 —— 237
- 精油香水配方——九大攻略 —— 238

謝辭 —— 242

- 我的感謝 —— 242
- 我的願景 —— 243

作者序 · Preface

　　這十幾年的精油香水教學現場中，常遇到學生提出疑問：「調香是美學、藝術、還是科學？」看到這裡，不曉得你覺得調香是屬於哪一種呢？

　　有學生分享說，他認為精油調香是天馬行空，將腦中或心中想要的原料（精油、原精）加一加，就成為一款香水，但為什麼以這方法產出的成品，不是太單調，就是味道太突兀？也有學生問，精油調香是否有一套系統，更能將心中所構思的香氣表達出來？但是如果有一套系統，那麼在系統的規定下，調香不就無法隨心所欲，而且還有一堆數字要計算。

　　上述的疑問，會不會也是你的心聲、困惑你很久了？提出這些問題的學生們，在進入「CNP天然精油香水師認證課程」訓練後，他們最後的結論是：

　　「美學」不再只是隨性的美，不能隨意地將一、兩支原料加一加，而是「有深度的美」，因此有系統的學習是必需的，而且數字的計算其實很容易的！調香時，也不能像藝術家的性格「只要我喜歡就好」，還要顧慮到市場接受度（這邊是指創業時）。說到底，原來精油調香，是理性思考下的產物，更是一件科學的作品。

　　學生們精彩的分享，正是我心中的想法！這也是為什麼我在教學時很強調基礎功，不急著馬上調出一瓶香水。先認識、記憶各種原料的氣味，「把玩」原料間的和諧度（創作多款香調瓶），不用固定式的配方框架學生

的潛力，採以漸進式方式，逐步加進稀有、珍貴的原料，製作出獨有氣味的香調瓶，再進一步打造出高質感，氣味被優化過的精油香水。精油香水調香對我來說，更像是「三學」的綜合體——美學、藝術學、科學。

2022年底，我開始有了寫第二本書的念頭，因當時方向還不是很清楚，決定先放下心中的想法，專心推廣我的第一本書《精油香水新手實作課》和「CNP天然精油香水師認證課程」。後來，我也參加夏凱納靈糧堂的服務工作，期望透過每天書寫的練習，加強我文字上的流暢度。因為我的第一本書出版後，許多讀者來信跟我說，他們很喜歡第五單元所介紹的「七種祝福香水」。我這才了解原來將精油香水搭配聖經中美好的詩句去祝福別人時，是相當有力量的。

因此燃起我內心想要更熟悉聖經的內容，期許自己不只能用美好詩句創作出馨香之氣的香水，也能依據某款精油香水的完成品氣味，為對方挑選出合適的祝福詩句，將這份大自然的氣味搭配祝福傳遞出去！

2023年的聖誕節，我開始一個全新的活動，以快速、簡單的調香方式，帶領精油香水新手們，開始「探索」精油。在與學生的互動中，我感受到參加者對花香原料的喜愛，於是我開始以「花香香氣家族」的成員們做為每一場活動的主題。

沒有想到在2024年開工的第一天，收到大樹林主編的邀請，第二本書的方向就是以「節慶精油香水」為主，這比我自己想做的活動來的更大、更廣，讓我真真實實經歷到如同聖經上說的：「上帝為愛祂的人所預備的，是眼睛未曾看過、耳朵未曾聽過，人心也未曾想過的」。於是，我便開始規劃第二本書的內容。

·本書的特色

本書針對十二個月分，設計出每一個月分代表性的香氣（精油、原精）。我從植物花型、顏色、香氣、生長環境、英文、拉丁學名、別名等來著手，並將萃取成精油或是原精後的香氣，以及它們在商業香水或化妝品中會出現的功效和意義，一同納入考量的選項中。

過程絞盡腦汁也反覆修改，最後終於定案這十二個月分的代表香氣。我很榮幸能與你們分享我個人對氣味和植物的獨特見解，請大家不要錯過各月分的代表香氣介紹！

·本書的使用方法

整本書最有意思，也帶有娛樂性的部分是36種主題精油香水，每一種主題香水，只用5種原料（精油、原精）就可以完成。36種主題精油香水，分布在每個月分中，每月都有一款當月節慶的主題香水、當月壽星的生日香水以及當月的日常香水，你可以按照月分來製作或根據當下的需求來選擇。

每一款主題香水不只能自用也能當禮物贈送，特別是「生日香水」，不僅省下挑選禮物勞心費力的時間，這也是一份送到心坎裡的禮物。

而每一種精油主題香水，都附有一則祝福小語。為了選出最恰當符合當月節慶、生日、和日常香水主題的祝福小語，我一遍又一遍的查閱聖經，也參考不同教會牧者們的說明。這過程也是最繁瑣、花費最多時間的，最後我還一邊嗅聞著每款香水作品，一邊做出最後的文字調整。目的

就是盼望每位讀者，看到這本書及實作某款精油香水時，都能感受到自己擁有最真切的祝福！

・精油香水喜愛推薦款

36種精油香水中，我最喜愛的是「節慶香水NO.3：婦女節」，它的氣味高雅又有層次。配方中僅用極小量的水仙原精，卻能發揮如此大的威力，氣味超越我所想像的。「黑醋栗香調」是背後一大功臣，整瓶香水的價值，遠遠超過其他的花香香水，就像是在跟所有女性們說：「勇敢的穿上它，做妳自己的女王吧！」

如果要我再推薦一款香水，則是「日常香水NO.9：享有永恆的平安」，它是以「蘇合香香調」為主的美食調香水，杏仁味中混合安息香原精的甜感，晚香玉原精的粉味，為香水增添一股撫慰人心的安定力量。這款香水不僅是一種氣味，更陪伴你一起走過人生的高山與低谷。另外，你一定要試做看看的是「生日香水NO.6：六月壽星專屬禮物」，多汁飽滿的「紅桔香調」是這款香水的主角，香水氣味中還包含花香、果香和木頭味，最後在細微泥土感的加乘作用下，構成香水有五穀豐登的景致。它不僅是對壽星的祝福，更是一種對他們認真看待生活的鼓勵，讓他們在生日當天歡呼生命如此美麗。

書中介紹了60種原料（精油、原精），有更多的香氣敘述是在第一本書中未收錄的。我以全新的視角來詮釋每種原料的氣味，更從它們所含哪種高比例的香氣分子著手，這些香氣分子往往都是這帶領原料氣味走向的關鍵所在，朝向花香、甜味、微辛辣，強烈綠意等。當你一邊看著文字，一邊聞著香氣，如同進行一場嗅覺饗宴。

同時，我也將這十幾年來，在教學中搜集學生們對精油、原精氣味的聯想，有許多超有趣又稀奇的氣味敘述和香氣形容詞，一次全收錄在書中。

・本書和《精油香水新手實作課》的差異

第一本書的上市,陸續收到讀者Email回饋說這是一本「工具書」,當忘記某種精油的氣味時,可以立刻翻閱書籍中的說明。如不太清楚這種精油是歸入哪個香氣家族,或調配「東方調香水氣味主題」的必備原料是什麼時,工具書立刻就派上用場。又或是在創作時,如遇到香氣一直無法突破或想美化香調瓶的氣味時,第一本書中有繁多香調配方可以參考。最重要的,十類香水氣味主題給了香水氣味一個「方向感」,接下來是向左還是向右的修改,更具明確性。

第二本書仍延續上一本「工具書」的特質,但更像是為你量身打造,日常可以使用的「實用配方手冊」。同時擁有這兩本書在手,讓你調香無往不利。我獨創的「先創作香調、再調香水」的方法,也會繼續沿用在這本書中。還會介紹「氣味連結」的概念,幫助你調出來的香水氣味,朝向「氣味圓」發展,這是在之前書中沒有提過的。

另外,我也將「36種香水配方構思四面向」,不藏私的分享給大家,讓你在調香時跨越挑戰,進入另一個高峰。

書中共有48種香調,香調瓶的製作也以更簡捷的方法,只要兩種精油就可以完成一種香調,讓新手們能更快、輕鬆上手。進入調製香水時,會直接用香調瓶來完成一款約3～4ml的精油香水,不用再將香調瓶中的原料轉換成純油來操作。更方便的是,一種香水只需要5種原料(精油、原精),能為你的荷包省下一些費用。

除了我為你準備的36種主題精油香水配方,你可以按照書中的滴數直接動手調製外,如你想要超越自己進行更多突破、練習,書中的24種前調香調和24種後調香調,以及位於配方表中調位置的12月分代表香氣,都可以自由的更換、運用它們。我計算過共有6,912種香水組合等著你,是不是比第一本書更驚人(第一本書是1,650種)!

最後，我整理出「調香師九大準則」、「去愛那些不可愛的原料們」、「氣味資料庫建立的重要性」、「精油香水配方——九大攻略」等資訊在〈後記〉中與你們分享。

· 祝福

這本書就像一座小花園，由不同科別的植物和不同精油香氣家族的成員，共同攜手合作建造而成的。你我就像在這小花園中的園丁，看著文字、細心嗅聞著每一種原料的精髓，以美學眼光來調香，又不失去科學的精神，人人都是香氣藝術師。

現在，我想獻給各位這首生動的童歌，讓我們用香氣記錄日常，在香氣中品味生活，誠摯地邀請大家與我一起體驗這個美好的調製旅程。

> 小小花園裡，紅橙黃藍綠，每朵小花都美麗。
> 微風輕飄逸，藍天同歡喜，在天父的花園裡。
> 你我同是寶貝，在這花園裡，園丁細心呵護不讓你傷心。
> 颱風或下雨，應許從不離開你，天父的小花成長在祂手裡。
>
> （讚美之泉 Stream of Praise）

The Theme of Natural Perfume

Part 1

主題精油香水的
基本調香概念

不只在臺灣，全世界各地每月都有好多的節慶，與我們的生活密不可分。因此，我在書中精心挑選出十二個重要的節日，例如：新年、婦女節、母親節、父親節、中秋節、感恩節和聖誕節等。針對每個節慶的意涵，我費盡心思從植物花型、顏色、香氣、拉丁學名等處著手，選出最能代表每一個節慶的主原料（精油、原精），進而調配一款最適合當月節慶的精油香水。這些節慶香水大多是以「花香調香水氣味主題」為主，只有二月分和八月分，分別是以「馥奇調」和「綠意調」香水氣味主題為主，每款香水的氣味絕對會讓你鼻子驚喜連連。

每個節慶的背後都有個深刻的含義，提醒著你我要把握機會去感謝、去讚美、去歡慶、去團聚或是去支持等等。而每款「節慶香水」的「祝福小語」的安排，是為了讓你在過節慶或是在創作香氣時，擁有加倍的祝福。

接著，我還延伸出「十二月分生日香水」，這是特別為每個月壽星們準備的禮物，除了專屬的香水配方，還有祝福小語，讓壽星們備受尊榮。生日香水除了自用也很適合送禮。你可以將這份「香氣禮物」送給生日的壽星，對方會記得你這份誠摯的心意。俗話說：「無三不成禮」，除了節慶香水和生日香水，還有「日常香水」。書中共有十二種日常香水，例如：迎接豐盛的人生、獲得工作上的得勝、擁有愛的力量、擴展職場的機會、培養個人的自信、找回從容的氣質和增添生活的樂趣等。

這十多年教學中，我觀察到學生們和喜歡香氣的「香香友」，精油的氣味在他們的生活中占有一席之地。因而激發起我創意的靈感，構思著如何將精油香氣美化，以香水的方式呈現在我們的日常生活中，透過頭腦與鼻子的合作，誕生了十二種日常香水，盼望讓每位讀者天天都能沉浸在馨香氣息中。

十二種日常香水，可以依據當天你的心情或當下的狀況來選擇使用，也可以跟著書中的月分，「穿載」它在身上。配合十二種日常香水的「祝福小語」，每一句都帶著力量，當你邊聞著香氣、看著祝福話語的同時，相信你會深刻感受到真真實實的祝福。

書中每個月有三種主題的精油香水，每一種香水都是由五種原料創作而來。為了使精油香水的氣味更細緻，我採用「CNP天然精油香水師認證課程」系統中，「先創作香調、再調香水」的概念。五種原料中，除了當月分的代表香氣外，我會先將另外四種原料以「相同香氣揮發度分類」，兩兩一組創作出四種香調。接下來，這四種香調會與當月分的代表香氣進行香氣測試，最後，選出最適合當月主題的香氣組合。

組合確認後，進入配製香水時，會直接用香調瓶與當月分的代表香氣進行調香，而當月的代表香氣原料也會先稀釋至合適的濃度再使用。就這樣，以一個輕鬆、更快速的方法，就能完成一款約10%濃度的3～4ml的淡香水，或是你也可以依照所需的容量，加倍精油滴數，調合成適合的容量。

每款精油香水不只味道保留細緻度，香水的香氣仍跳出框架，甚至表現優秀，肯定超出你所想像的，讓你愛不釋手。接下來，就讓我帶著你進行一場嗅覺饗宴！

一、36種精油精油香水一覽表

月分	節慶香水	當月生日香水	日常香水
一月 January	NO.1 新年	NO.1一月壽星專屬禮物	NO.1迎接豐盛的人生
二月 February	NO.2 農曆新年	NO.2二月壽星專屬禮物	NO.2獲得工作的得勝
三月 March	NO.3 婦女節	NO.3三月壽星專屬禮物	NO.3散發特有的魅力
四月 April	NO.4 世界地球日	NO.4四月壽星專屬禮物	NO.4清理負面的情緒
五月 May	NO.5 母親節	NO.5五月壽星專屬禮物	NO.5擁有愛的力量
六月 June	NO.6 畢業季	NO.6六月壽星專屬禮物	NO.6擴展職場的機會
七月 July	NO.7 七夕情人節	NO.7七月壽星專屬禮物	NO.7展現獨有的姿態
八月 August	NO.8 父親節	NO.8八月壽星專屬禮物	NO.8培養個人的自信
九月 September	NO.9 中秋節	NO.9九月壽星專屬禮物	NO.9享有永恆的平安
十月 October	NO.10 國際女孩節	NO.10十月壽星專屬禮物	NO.10重拾少女心
十一月 November	NO.11 感恩節	NO.11十一月壽星專屬禮物	NO.11找回從容的氣質
十二月 December	NO.12 聖誕節	NO.12十二月壽星專屬禮物	NO.12增添生活的樂趣

二、十一類香水氣味主題的必備原料

類別	香水氣味主題	創作香水氣味主題時，需使用到的必備原料（依香氣家族分類）	
第一類	花香調	**花香香氣家族**（波旁天竺葵、水仙原精、橙花、大馬士革玫瑰原精、大花茉莉原精、桂花原精、晚香玉原精、白玉蘭、小花茉莉原精、玫瑰草）	
第二類	東方調	**香脂香氣家族**（阿拉伯乳香、岩玫瑰）	
第三類	柑苔調	**柑橘香氣家族**（綠桔、綠檸檬、香蜂草、苦橙、佛手柑、血橙、紅桔、黃檸檬、甜橙、葡萄柚、日本柚子、綠苦橙）	**鄉野香氣家族**（雪松苔原精）
第四類	柑橘調	**柑橘香氣家族**（綠桔、綠檸檬、香蜂草、苦橙、佛手柑、血橙、紅桔、黃檸檬、甜橙、葡萄柚、日本柚子、綠苦橙）	
第五類	馥奇調	**草本香氣家族**（真正薰衣草）	**鄉野香氣家族**（雪松苔原精）
第六類	美食調	**香脂香氣家族**（零陵香豆原精、香草萃取液、安息香原精、蘇合香）	
第七類	果香調	**果香香氣家族**（金盞菊、黑醋栗原精、摩洛哥藍艾菊、鷹爪豆原精、永久花）	
第八類	木質調	**木香香氣家族**（香脂果豆木、墨西哥沉香、大西洋雪松、東印度檀香、澳洲檀香、維吉尼亞雪松、花梨木、芳樟、西印度檀香）	**鄉野香氣家族**（岩蘭草、廣藿香）

類別	香水氣味主題	創作香水氣味主題時，需使用到的必備原料（依香氣家族分類）	
第九類	綠意調	**綠香香家族**（紫羅蘭葉原精、白松香）	**柑橘香氣家族**（苦橙葉、桔葉）
第十類	皮革調	**香脂香氣家族**（沒藥、歐白芷根）	
第十一類	茶香調	**茶香香氣家族**（格陵蘭喇叭茶、瑪黛茶原精、快樂鼠尾草）	

＊紅沒藥是調配「皮革調香水氣味主題」的輔助原料。
＊綠薄荷、胡蘿蔔籽、黃葵、古巴香脂沒有特定在哪類香水氣味主題中做必備原料。

三、何謂媒介物、工作瓶、原料

在介紹如何稀釋精油、原精之前,我們先來認識書中的一些名詞所代表的意義。

(一)媒介物

稀釋精油時,因為我們要做成精油香水,所以會使用香水酒精、穀物酒精或90%濃度左右的無水酒精,當作稀釋的媒介物(基底材料)。

(二)工作瓶／單方工作瓶

我將稀釋後的精油、原精稱作「工作瓶」,使用的是10毫升(ml)深色的滴管瓶。而單一支稀釋後的精油、原精,我就稱它為「單方工作瓶」。

(三)原料

因書中有使用到精油和原精,為了避免讀者混淆,若文章中提及這兩者,我會統一使用「原料」二字表示。

四、如何稀釋精油

準備好酒精和深色的滴管瓶，接下來就要開始稀釋原料。稀釋原料的方式，本書採用芳香療法的方式（美系芳療NAHA），讓讀者閱讀起來比較容易了解。

一般我們買回來的原料會是100％濃度，它們也叫純精油或純原精。但有些原料，因價格過高或質地黏稠等原因，取得時廠商已稀釋在酒精中，例如：80％濃度的晚香玉原精。我會針對這兩種狀況，分開說明如何稀釋。

Q1. 買回來的精油是100％濃度，要稀釋一瓶10％濃度的精油，使用的是10ml的滴管瓶，這時需要加入幾滴純精油？

計算公式：10（ml）×10（％）×20（滴）＝20滴純精油

　　10：代表瓶子容量
　　10％：要稀釋的濃度
　　20：在芳香療法中，1毫升（ml）的精油視為20滴。

A1. 需要加入20滴純精油，在10ml的滴管瓶中，最後加入約10ml酒精。

Q2. 買回來的精油是75％濃度，這時要稀釋的數字會跟「數字75」相關，我以稀釋為1.5％的精油為例，使用的瓶子同樣是10ml，這時需加入幾滴75％的精油？

**計算公式：10（ml）×1.5（％）×20（滴）÷75（％）
　　　　　＝4滴75％濃度的精油**

　　10：代表瓶子容量
　　1.5％：要稀釋的濃度

20：在芳香療法中，1毫升（ml）的精油視為20滴。

75%：精油是75%濃度，要再除以75%，才是75%濃度的精油要使用的滴數。

A2. 需要加入4滴75%濃度的精油，在10ml的滴管瓶中，最後加入約10ml酒精。

Q3. 買回來的原精是80%濃度，這時要稀釋的數字會跟「數字8」相關，我以稀釋為0.8%濃度的原精為例，使用的瓶子同樣是10ml，這時需加入幾滴80%濃度的原精？

計算公式：10（ml）×0.8（%）×20（滴）÷80（%）
＝2滴80%濃度的原精

10：代表瓶子容量

0.8%：要稀釋的濃度

20：在芳香療法中，1毫升（ml）的原料視為20滴。

80%：原精是80%濃度，要再除以80%，才是80%濃度的原精要使用的滴數。

A3. 需要加入2滴80%濃度的原精，在10ml的滴管瓶中，最後加入約10ml酒精。

五、如何計算香調瓶的滴數和濃度

書中48種香調，使用的是10ml滴管瓶（深色或透明的都可以），每瓶香調瓶的濃度規劃為10％，在此條件下，計算出來的每瓶香調瓶使用到的原料是20滴。

計算公式：10（ml）×10（％）×20（滴）＝20滴純原料

10：代表瓶子容量
10％：要稀釋的濃度
20：在芳香療法中，1毫升（ml）的精油視為20滴。

> **小提醒**
>
> 　　為了要讓精油香水的氣味更細緻，我會將當月所選的四種原料，以相同香氣揮發度分類，兩兩一組創作出四種香調。每種香調在原料選擇上，我會安排一種原料氣味柔和，另一種則比較強烈。
>
> 　　對於氣味強烈的原料，我通常會先將它稀釋到50％、10％或1％等的濃度，如此一來它的強烈感會減弱，才不致於大到影響另一種原料，導致兩者都無法「華麗現身」。
>
> 　　在這種情況下，計算香調濃度時為了不要複雜化，香調瓶中仍維持使用20滴的原料，香調濃度則會以「約為10％」表示，我會用「≒」這個符號代表（請參考Part 2，12月分主題精油香水單元的「香水設計概念」）。

六、如何計算香水的容量和濃度

我以「生日香水NO.3：三月壽星專屬禮物」的配方為例。

（一）計算香水的容量

此款香水的總滴數是162滴（f＋g欄），接下來我以我的手勁，滴出來的一滴和使用的量杯，實際測量出來1ml的香水容量會是40滴左右。這款香水的容量（毫升），計算公式如下：

$$162（總滴數）/40（1ml=40d）=4.1ml$$

這款香水的容量是4.1ml，因為每個人的手勁不同和使用的量杯不同，多多少少有一些小誤差。我會寫上「≒（約）4.1ml」。

香調	原料名稱	a 起始滴數	b 增加滴數	c 滴數總合 a+b	d 乘10倍 c*10	e 細修	f 總滴數 d+e	g 放大2倍
前調	苦橙香調÷10%	2	+1	3	30		30	60
前調	苦橙10%					3	3	6
前調	黑醋栗原精0.7%					1	1	2
中調	水仙原精0.8%	1		1	10		10	20
後調	墨西哥沉香香調10%	1		1	10		10	20
	香水總滴數：（f）54滴＋（g）108滴＝162滴（≒4.1ml）							

（二）計算香水的濃度

因香水配方中，有使用到「10%或約10%濃度的香調瓶」和「單方工作瓶」，香水濃度的計算方式會與第一本書《精油香水新手實作課》不同。

首先，我先將配方中「f欄」和「g欄」的滴數相加，再計算出各個「香調瓶」和「單方工作瓶」在整瓶香水的濃度。以「苦橙香調」為例：

計算示範：10*90/162≒5.56

10：是「苦橙香調」的濃度，如有「≒」這符號，仍以10去計算。

90：是「苦橙香調」使用的滴數。

162：是香水總滴數。

5.56：是「苦橙香調」在整瓶香水的濃度。因剛剛有「≒」這符號，也表示5.56%是約略值。

以此類推，再將配方中其他「香調瓶」和「單方工作瓶」，各自在整瓶香水的濃度加總起來，就是這款香水的總濃度。

以此香水為例，濃度是8.13%，因配方中有使用到「≒10%濃度的苦橙香調」，香水濃度會標記為「≒8.13%」

香調	原料名稱	f 總滴數 d＋e	g 放大 2倍	f＋g	計算示範
前調	苦橙香調≒10%	30	60	90	10×90/162=5.56
前調	苦橙10%	3	6	9	10×9/162=0.56
前調	黑醋栗原精0.7%	1	2	3	0.7×3/162=0.01
中調	水仙原精0.8%	10	20	30	0.8×30/162=0.15
後調	墨西哥沉香香調10%	10	20	30	10×30/162=1.85
香水總滴數：162滴（≒4.1ml）／香水濃度≒8.13%					

七、五大類香水濃度

根據國外香水資料，香水種類可分為五類：濃香水、香水、淡香水、古龍水、清淡香水（或鬍後水），這樣的分類是依據香料（精油、原精、單體或香精）在一瓶香水中，使用到的多寡來分類。一般來說，香料成分使用愈多，香氣持久度亦會愈高。

我發現國內外對各香水種類中香料濃度占比有不同的百分比範圍，下列的資料是我依據我個人的經驗和參考國外資料，做出一個適中的百分比數字。

濃香水
Parfum
香料濃度在30％以上
香氣持續力：6～8小時

香水
Eau de Parfum（EDP）
香料濃度在15～30％
香氣持續力：4～5小時

淡香水
Eau de Toilette（EDT）
香料濃度在5～15％
香氣持續力：3～4小時

古龍水
Eau de Cologne（EDC）
香料濃度在2～5％
香氣持續力：1～2小時

清淡香水 Eau Fraiche
香料濃度在2％以下，
鬍後水也是屬於這個等級。
香氣持續力：0.5～1小時

八、七步驟創作香調

步驟一：選出原料

我以五月為例，創作香調前，我會先選出適合與五月分代表香氣——大馬士革玫瑰原精，做搭配的四種原料。這四種原料，依香氣揮發度分類，分別是：

前調：血橙、摩洛哥藍艾菊	後調：零陵香豆原精、香草萃取液

每個月分選出四種原料，與當月分的代表香氣做搭配的原因，請參考Part 2：各月分「香水設計概念」和「五種原料小檔案」。

步驟二：設定香調主香氣

四種原料都要做出一款以它為主香氣的香調，我以「血橙精油」為例，香調配方：血橙100％＋摩洛哥藍艾菊1％，主香氣為血橙。

1. 有些原料氣味強大，我會將它稀釋為1％、10％或50％的濃度後再使用。
2. 有些原料買回來時，廠商已稀釋在酒精中，濃度就不是100％，可能為30％、75％或80％等。這些原料如本身氣味太大或價格太貴，我也會將它們稀釋後再使用（請參考Part 1「四、如何稀釋精油」）。
3. 每種香調中原料組合的原因，請參考Part 2：各月分「製作四種香調」單元中的介紹。

步驟三：找出兩種原料間的比例

我繼續以「血橙精油」為例，香調的配方是：「血橙100％＋摩洛哥藍艾菊1％」，而主香氣設定為「血橙」。

找出兩種原料間的比例，可以在陶瓷水彩盤中測試或是準備小ml數的空瓶測試。別忘了在測試前，請先加入10滴的酒精讓原料不會揮發太快，方便觀察氣味。

小提醒

香調瓶的濃度規劃為10％，在10ml滴管瓶中，總滴數20滴。這20滴要分配給兩種原料，因此原料之間的比例要以「20」能除的盡為主。舉例：1：9、9：1、2：8、8：2、2：3、3：2、4：1、1：4、1：3、3：1。

步驟四：將比例轉換成滴數

在「血橙香調」中，100％血橙和1％摩洛哥藍艾菊的比例，我建議是3：1。轉換成滴數則為15滴和5滴（總滴數20滴，在10ml滴管瓶中）

小提醒

計算示範：血橙：摩洛哥藍艾菊＝3：1，比例轉換成滴數（3/4*20=15滴）vs（1/4*20=5滴）=15滴 vs 5滴。因香調中有使用到非100％濃度的精油，因而香調濃度則是÷10％（請參考Part 1「五、如何計算香調瓶的滴數和濃度」）。

步驟五：將原料滴入香調瓶中

請將15滴的100％血橙，和5滴1％摩洛哥藍艾菊，加入10ml滴管瓶（深色或透明的都可以）。

步驟六：加入酒精

請加入酒精至滿瓶，不要超過瓶子「脖子」部分。

步驟七：香水取名並放置

靜置七天後，待香氣熟化後再使用。別忘了將這瓶香調瓶取個名稱（我用編號的方式表示：前調NO.9 血橙香調）。

九、七步驟完成精油香水

我以「日常香水NO.5：擁有愛的力量」配方為例：

步驟一：設定香水氣味主題

代表五月分的香氣是「大馬士革玫瑰原精」，與它搭配的四種原料，所創作出的香調分別為：

- ◆ 前調香調：血橙香調÷10％
- ◆ 前調香調：摩洛哥藍艾菊香調÷10％
- ◆ 後調香調：零陵香豆香調÷10％

◆ 後調香調：香草香調÷10%

「日常香水NO.5：擁有愛的力量」的香水氣味主題是柑橘調，主香氣則是「血橙香調」。

步驟二：挑選香調

「血橙香調」是五月分的四種香調之一，現在它是香水的主香氣，位於配方表中「前調位置」。而五月分的代表香氣——大馬士革玫瑰原精，我們一定會使用到它，位於配方表中「中調位置」。

這時配方表中還差一個「後調位置」的原料，我們有兩個選擇：「零陵香豆香調」或「香草香調」。

香調	原料名稱
前調	血橙香調÷10%
中調	大馬士革玫瑰原精5%
後調	「零陵香豆香調」或「香草香調」

步驟三：測試香氣

請將已做好的「血橙香調÷10%」、「大馬士革玫瑰原精5%」、「香草香調÷10%」、「零陵香豆香調÷10%」都準備好。進行測試時，要決定香水中要使用「零陵香豆香調」還是「香草香調」。

1.在陶瓷水彩盤中某一格或5ml的精油玻璃分裝瓶中，先滴入10滴酒精（加入10滴酒精是幫助你在觀察氣味時，讓原料不會揮發太快或被聞香紙吸光）。

2.「a欄」：三種原料先各一滴，滴在水彩盤中。

3.「b欄」：在水彩盤增加滴數。

請先確認你所設定的「香水氣味主題」的氣味，是否明顯呈現，如沒有，可以將「血橙香調」再加1滴或2滴，如不滿意，你可以回到「步驟2：挑選香調」。在這組合中，是選用「零陵香豆香調」，如要更換組合，則是換成「香草香調」來測試香氣。

> **小提醒**
> 「大馬士革玫瑰原精」一開始要稀釋到多少濃度呢？我們建議你以5%為主，如有預算時，也可以將它稀釋到10%濃度。

香調	原料名稱	a 起始滴數	b 增加滴數
前調	血橙香調÷10%	1	＋1
中調	大馬士革玫瑰原精5%	1	
後調	零陵香豆香調÷10%	1	

步驟四：將滴數乘以10倍，滴入香水瓶中

當你已確認「香水氣味主題」的氣味有明顯呈現後，請將滴數乘以10倍。

1.「c欄」：請將a＋b的滴數加總。

2.「d欄」：請將c欄的滴數乘以10倍，開始將原料滴入香水瓶中。「乘以10倍」是第一次將確認的滴數，做放大的動作，如你想先乘以5倍，也是可以的。

完成後，可以先放置1-3天，再繼續細修。

步驟五：放置後再細修

1.放置後，如不滿意，你可以回到「步驟2：挑選香調」。

2. 以此香水為例，如你剛剛使用的是「零陵香豆香調」，這時可以改用「香草香調」進行「步驟3：測試香氣」。如再不滿意氣味組合，你可以使用其他月分的香調來進行香氣測試。

3. 「e欄」：放置後，如還想再修改，請繼續。

4. 修改香氣時，先確認所設定的「香水氣味主題」的氣味是否明顯呈現。中間的修改都可以再放1至3天。

5. 「e欄-細修」時，也可以加入「單方工作瓶」。

> **請注意**
>
> 加入新的「單方工作瓶」，必須是你選的「香調瓶中的原料品項」。以此香水為例，我加入「血橙10%」來加強柑橘的氣味（血橙是「血橙香調」中使用的原料品項之一）。

香調	原料名稱	a 起始滴數	b 增加滴數	c 滴數總合 a＋b	d 乘10倍 c*10	e 細修
前調	血橙香調÷10%	1	＋1	2	20	
	血橙10%					＋3
中調	大馬士革玫瑰原精5%	1		1	10	
後調	零陵香豆香調÷10%	1		1	10	

步驟六：計算出目前的總滴數後，再放大二倍

確認不再變動滴數後，就可以計算香水的總滴數。

1. 「f欄」：是「d＋e欄」，是目前香水瓶中的滴數。

2. 「g欄」：是「f欄」放大二倍的滴數，請將此滴數加入香水瓶中。這

是第二次將確認的滴數，做放大的動作。因選用的是5ml的香水瓶，考量放大滴數後，加入香水瓶內不要有滿瓶的情況發生，才做此選擇。你也可以視情況，放大三倍。

3.香水總滴數是：「f＋g欄」的總合。

以此香水為例，總滴數是129滴。129/40=3.2ml，（40是我實際測量出1ml容量的滴數），這款香水則是約3.2ml。

> **小提醒**
>
> 1. 如果你希望香水容量再多一些，可以將目前的總滴數「再加一次」。
>   舉例：129d＋129d=258d（258/40=約6.5ml）。瓶子可以準備7ml的噴瓶或滾珠瓶，未滿瓶的部分，可以加入酒精。
> 2. 每款香水的總滴數不同，如需「再加一份」時，請視實際情況準備香水瓶的容量。以此香水為例，如你想做出約10ml的香水，這時你還可以「再加一次129滴」，總滴數則是：129*3（加了三次）=387滴。387/40=約9.7ml，未滿瓶的部分可以加入酒精使其滿瓶。
> 3. 「再加一次129滴」或「再加二次129滴」情形下，香水濃度都不變，仍是約8.82%（淡香水EDT）。

香調	原料名稱	a 起始滴數	b 增加滴數	c 滴數總合 a+b	d 乘10倍 c*10	e 細修	f 總滴數 d＋e	g 放大2倍
前調	血橙香調÷10%	1	+1	2	20		20	40
	血橙10%					+3	3	6
中調	大馬士革玫瑰原精5%	1		1	10		10	20
後調	零陵香豆香調÷10%	1		1	10		10	20

香水濃度÷8.82%（淡香水EDT）／香水總滴數：129滴（≒3.2ml）

步驟七：香水取名並放置

請靜置七天，待香氣熟化後再使用。別忘了將這瓶香水取個名稱，例如：「日常香水NO.5：擁有愛的力量」。

十、新手最常問的10個Q&A

Q1 一種精油香水，只使用五種原料？

A1：是的。這本書的每一種精油香水，只使用五種原料。以更輕鬆、更快速的方法，就能完成一款3〜4ml的精油香水。每款精油香水，不只香味細緻，氣味表現也相當優秀。

Q2 一種精油香水，只使用五種原料，可以調配出氣味細緻的精油香水嗎？

A2：可以的。我仍採用「CNP天然精油香水師認證課程」的「先創作香調、再調香水」的概念。五種原料中，有一種是當月分的代表香氣，另外四種是與它搭配的原料。

Q3 調香中仍需要創作香調嗎？

A3：需要的。這是「CNP天然精油香水師認證課程」與市場上其他調香課程不同之處，也是最獨特的地方。

如前面所述，一種精油香水中只使用五種原料，其中一種是當月分的代表香氣，另外四種是與它搭配的原料。這四種原料，會以相同香氣揮發度分類，兩兩一組創作出四種香調。

接下來，這四種香調會與當月分的代表香氣進行香氣測試，最後，選出最適合當月主題的香氣組合。組合確認後，進入配製香水時，會直接用香調瓶結合當月分的代表香氣原料（當月主香氣原料也會先稀釋到一個合適的濃度再使用）。就這樣，以輕鬆、更快速的方法，就能完成一款3〜4ml的精油香水。

Q4　如果不「創作香調」，可以直接調配香水嗎？

A4：可以的，但不建議。因為在修改香氣時，對於新手來說，會不知道從何下手。「創作香調」的目的，除了在修改香氣時，更能掌握住氣味方向外，還有一個優勢，就是產出的精油香水的氣味更加細緻，也有別於市場上精油香水的味道。

Q5　香調可以自由搭配嗎？

A4：可以的！書中有24種前調香調，12種當月的代表香氣（它們是位於配方表中中調位置）和24種後調香調。這樣的排列組合：24×12×24等於共有6,912種組合，超級多的！

Q6　為什麼香調中有使用已稀釋的精油？

A6：一種香調是由兩種原料組合而成，我在選擇原料的搭配上，會安排一種原料氣味柔和、另一種則是比較強烈，我發現這樣的組合在創作香調時，氣味比較好掌控。

對於氣味強烈的原料，我通常會先將它稀釋到1％、10％或50％等的濃度，如此一來它的強烈感會減弱，才不致於大到影響另一種原料。

Q7　修改香水氣味時，可以加入新的單方原料嗎？

A7：可以的。我先帶大家複習一下，一種精油香水是由兩種香調和一種「單方工作瓶」架構而成。兩種香調中，一種是前調香調，另一種則是後調香調，而「單方工作瓶」是指被稀釋後的單方精油或原精，也是當月分代表香氣，位於配方表的中調位置。

在「修改香氣」時，可以再加入新的單方原料，我稱為「單方工作瓶」。新加入的「單方工作瓶」，必須是配方表裡，兩種香調中使用的原料品項。（請參考「生日香水NO.3」第87頁，或「日常香水NO.4」第104頁）

Q8　修改香水氣味時，總共可以加入幾種新的「單方工作瓶」？

A8：呈A7的說明，新加入的「單方工作瓶」必須是「兩種香調中的原料品項」（一種香調是由兩種原料組合而成），所以如果還要在配方中新增「單方工作瓶」，最多只會有四種選項，例如：第87頁的「生日香水NO.3」的前調的原料有苦橙精油和黑醋栗原精；後調的原料有墨西哥沉香和古巴香脂精油（參考84-85頁）。若要增加單方工作瓶，只能從這4種去選擇，至多4瓶。

Q9　新加入的「單方工作瓶」，它的濃度是多少？

A9：每種香調的濃度是10%或約10%，當加入新的「單方工作瓶」時，它的濃度就不會是100%，因為會太搶味。至於會是多少%呢？以書中的36種香水的配方來看，會有1%、10%等不同的濃度。

Q10　為什麼一款精油香水屬於淡香水的濃度，但留香度低於國際香水分類提的時間？

A10：我也研究過這個問題，我以我個人發現的原因做說明。一款香水的留香度，除了整瓶香水中原料的占比外，還會取決於它使用到的原料的種類（例如：松杉柏、柑橘香氣家族的原料，或是花香中氣味清淡的花香等，本身留香度較低）。我曾聞過標示為EDP濃度的香水，它的氣味很清爽，留香度是低於4小時。

當我們使用的是完全天然的精油，沒有含任何人工原料或定香劑等。留香度的確會比國際香水分類中所說的香氣持續時數短一些（可參考「七、五大類香水濃度」）。

The Theme of Natural Perfume

Part 2

12月分主題精油香水

節慶香水、生日香水、
日常香水

1 月 January

Geranium

香氣代表：波旁天竺葵

天竺葵是常年生植物，品種繁多，大多用來觀賞之用。在精油中，常見的有二個品項，分別是波旁天竺葵和玫瑰天竺葵，我個人偏愛波旁天竺葵氣味的多元化，中性的花香，不會太濃豔，而微微的涼感，又不像薄荷精油清涼直撲鼻尖；獨特的是，它的葉片味清新香甜，整體香氣很有新年味、欣欣向榮的景象，因此，我選它作為一月分的代表香氣。

這多元的氣味，除了帶出波旁天竺葵精油的豐富度（充滿了莖、葉、花瓣的氣味），也帶給人豐盛感，洋溢著「多與滿」的氛圍。每年從跨年到迎接嶄新一年的來臨，人人都期許自己一步又一步的走向豐足，而波旁天竺葵精油氣味的豐富度，是「豐盛」香氣的最佳代言人。

🌸 三種主題精油香水的香氣氛圍

1. 節慶香水：新年

　　每年一月是新的一年的開始，新年新氣象更是每個人邁入新年的期許。為新年的到來，我調製一款「新年節慶香水」，願在紅花綠葉的香味中，帶給你全新的祝福。

　　迎接新年到來的倒數聲響起，整個城市都被期待的氣氛所籠罩。這款節慶香水就像一場歡慶的盛宴，擁有「波旁天竺葵」溫和的花香，還有「綠桔香調」和「香脂果豆木香調」的加溫，把新年的喜悅、期待傳遞到每個人的心中。這不僅僅是一款香水，更像是一場充滿希望和愉快的啟程。

2. 生日香水：一月壽星

　　第二種精油香水是特別為一月壽星準備的禮物，除了專屬的香水配方，還有祝福小語，讓壽星的你備受尊榮。你也可以將這份禮物，送給一月生日的壽星，如此用心的禮物，對方會記得你的心意。

　　一月壽星是意志堅定也喜愛不斷學習提升自己的人。這款生日香水極具「綠桔香調」新穎的氣息，搭配「波旁天竺葵」的花香綠葉味和「岩蘭草香調」的實在感，營造出一種穩定又帶歡樂的氛圍。這不僅是對壽星的祝福，更是一種對他們獨特魅力的讚美，讓他們在生日當天感受到備受肯定的讚許。

3. 日常香水：迎接豐盛的人生

　　一月分除了期許新年新氣象，人人也會準備好自己，大步向前邁進。第三種精油香水是「迎接豐盛的人生」，在這馨香之氣中，祝福人人都能順利達成新年計畫與目標，迎接豐盛人生的到來。

　　我們都希望能夠過得精彩，活得豐盛。這款日常香水就像是一個協助者，扶持你進行人生中各項挑戰。它融合「岩蘭草香調」沉穩的木頭香

和泥土味，再加上「金盞菊香調」和「波旁天竺葵」的清新，猶如在大自然裡散步，帶你走向一個充滿可能性的人生旅程。這款香水不僅是一種氣味，更是一種生活態度，讓你準備好自己，迎接即將到來的豐盛人生。

🌸 香水設計概念

「波旁天竺葵」是一月的代表香氣，在調配三種主題精油香水時，都會使用到它。它的香氣揮發度是位於中調，這代表在香水配方表中，還需要前調和後調的原料。綠桔、金盞菊、香脂果豆木、岩蘭草是我選出與波旁天竺葵搭配的四種原料。

原料依香氣揮發度分類

- ◆ 前調：綠桔、金盞菊
- ◆ 後調：香脂果豆木、岩蘭草

如何使用這四種原料

為了使精油香水的氣味更細緻，我會先將上列四種精油，以相同香氣揮發度分類，兩兩一組創作出四種香調（各香調中兩種精油的建議比例，請參考後面單元介紹）。四種香調如下：

- ◆ 前調香調NO.1：綠桔香調（綠桔＋金盞菊）
- ◆ 前調香調NO.2：金盞菊香調（金盞菊＋綠桔）
- ◆ 後調香調NO.1：香脂果豆木香調（香脂果豆木＋岩蘭草）
- ◆ 後調香調NO.2：岩蘭草香調（岩蘭草＋香脂果豆木）

四種原料的安排方式

我在原料的選擇上，會安排一種原料氣味柔和（金盞菊100％、香脂果豆木100％）、另一種則比較強烈（綠桔100％、岩蘭草100％），我發現這樣的組合在進入創作香調時，氣味比較好掌控。

接下來，四種香調會與稀釋的波旁天竺葵精油，進行香氣測試，找出最適合的配搭組合（三種主題精油香水使用到的香調，請參考後面單元介紹）。

五種原料小檔案

編號	精油名稱	英文名稱	拉丁學名
1	波旁天竺葵	Geranium Bourbon	*Pelargonium graveolens*
2	綠桔	Green Mandarin	*Citrus reticulata*
3	金盞菊	Calendula	*Calendula officinalis*
4	香脂果豆木	Cabreuva	*Myrocarpus fastigiatus*
5	岩蘭草	Vetiver	*Vetiveria zizanioides*

波旁天竺葵

英文	Geranium Bourbon	拉丁學名	*Pelargonium graveolens*
萃取方式	蒸餾	萃取部分	葉子
科別	牻牛兒科	主要化學成分	香茅醇（Citronellol）、牻牛兒醇（Geraniol）
香氣家族	花香	香氣調性	中調

　　這支以蒸餾萃取自葉子的波旁天竺葵精油，主要的香氣分子是香茅醇和牻牛兒醇。香茅醇的氣味會讓人想到檸檬香茅，略帶一些花香，而牻牛兒醇則是溫和的玫瑰味，在本尊玫瑰（大馬士革玫瑰原精、奧圖玫瑰）和玫瑰草等精油中，也可以找到此香氣分子的蹤跡。

　　多數人反應波旁天竺葵精油的香氣「較尖銳、很直接、活力充足」，我個人覺得它很像「年輕的玫瑰」。雖然波旁天竺葵精油的花香，沒有本尊玫瑰美豔，但值得圈點的是，若將它稀釋在酒精中會散發出獨特甜美的荔枝香味，這味道在精油調香中極為珍貴，因為精油中沒有荔枝這個品項。

　　由於波旁天竺葵精油近似玫瑰花味，價錢又很實惠，我稱它是「親民版的玫瑰」。一月分三種主題精油香水中都有它的味道伴隨，不論它是香水氣味的主角或是配角，都努力地綻放自己，照亮別人。

綠桔

英文	Green Mandarin	拉丁學名	*Citrus reticulata*
萃取方式	冷溫壓榨	萃取部分	果皮
科別	芸香科	主要化學成分	檸檬烯（Limonene）
香氣家族	柑橘	香氣調性	前調

　　綠桔精油是以冷溫壓榨萃取自未成熟桔的果皮，這時果皮的顏色是青綠色，氣味很像紅桔精油。我個人覺得綠桔精油多了一種「皮件家俱」的味道，有種「新事物」的氣氛。因此，我選擇綠桔作為四種原料之一，來與一月代表香氣——波旁天竺葵精油做搭配。

　　當我在為如何選出另外三種原料傷腦筋的同時，我會不停告訴自己，要再多一點挑戰，跳出框框思考。除此之外，我也會試問自己，若不走容易路線，不然就來個蠟味的金盞菊、土勁十足的岩蘭草和輕飄逸的香脂果豆木，看看會是什麼結果。一月分三種主題精油香水，最終氣味表現令我滿意，請你勢必動手做做看。

金盞菊

英文	Calendula	拉丁學名	*Calendula officinalis*
萃取方式	二氧化碳萃取（CO_2）	萃取部分	花朵
科別	菊科	主要化學成分	萜類化合物（Terpenoids）
香氣家族	果香	香氣調性	前調

　　市面上的金盞菊多以浸泡油為主，因為以蒸餾萃取自花瓣的金盞菊精油，萃取率低且成本昂貴，又無法保留金盞菊在皮膚上可貴的修復功效，不是善用金盞菊的最佳方式。以二氧化碳（CO_2）萃取技術出來的金盞菊稱為「金盞菊CO_2」，是稀有的原料。這種方法不僅萃取效率高，還能維持金盞菊植物的天然屬性，氣味中仍有金盞菊悶悶的菊花味。

　　我個人覺得還有些許微蠟感，可以為香調或香水注入「新鮮感」。因著這氣味特徵，讓我選擇金盞菊作為四種原料之一，來與一月代表香氣——波旁天葵精油做搭配。

夢幻香水・精油調香課

香脂果豆木

英文	Cabreuva	拉丁學名	*Myrocarpus fastigiatus*
萃取方式	蒸餾	萃取部分	木材
科別	豆科	主要化學成分	反式橙花叔醇（trans-Nerolidol）、金合歡醇（Farnesol）
香氣家族	木香	香氣調性	後調

　　以蒸餾萃取自木材的香脂果豆木精油，因含有較高比例的反式橙花叔醇，和一些金合歡醇，讓許多人聞到它時，不只嗅到木頭味，也有柔美的花香。回想我第一次聞到香脂果豆木精油的記憶，很有豆科植物的個性，溫柔婉約又有點羞澀，即使有木頭味，也是輕輕、柔柔的，不時有花香味跳出來，還以為我拿到的是一支花香原料。

　　香脂果豆木又稱巴西檀木，有檀木二字，但它沒有檀香的氣味，可是它與書中提到的另兩種檀香一樣（東印度檀香和澳洲檀香），能與任何花香香氣家族的成員們做好朋友。我個人覺得，是因為前面提到的兩個香氣分子，讓屬於木香香氣家族的香脂果豆木精油，大大放下剛硬木頭的身段。

　　如此輕柔的木香原料，讓我愛不釋手，我很快地就決定它是一月分所選四種原料之一，來與一月代表香氣——波旁天葵精油做搭配。

岩蘭草

英文	Vetiver	拉丁學名	*Vetiveria zizanioides*
萃取方式	蒸餾	萃取部分	根部
科別	禾本科	主要化學成分	岩蘭草醇（Vetiverol）
香氣家族	鄉野	香氣調性	後調

　　岩蘭草有個秀美的別名叫香根草，由此可知，植物的根部具有芳香的氣息，而它的根部也是萃取岩蘭草精油的主要部分。明顯的木香、泥土味是岩蘭草精油的特徵之一，而出色的煙燻味、豐厚的大地感，讓岩蘭草成為男仕香水中的常客。

　　知名愛馬仕精品品牌，有一款超受歡迎的香水，它的名稱叫：「大地」，調香師以岩蘭草為整瓶香水的氣味主題，將岩蘭草大地、鄉野的特質，表露的淋漓盡致，有機會可以到櫃上試聞。根據資料顯示，岩蘭草也是香奈兒五號香的祕密武器，在女仕香水中，加進岩蘭草的技法，完全顛覆我的思維！對了，我的經驗是不要加太多滴，別讓「鈔票味」的岩蘭草太過於亮眼。「鈔票味」是某次教學中，一位學生對岩蘭草味道的感受。

　　而我曾在與銀行合作的講座中，提到「鈔票味」的岩蘭草，可以使香水的氣味有分量也能延長留香度。沒想到當天岩蘭草大受好評，我帶去的原料所剩不多，我忍不住思考著，他們是愛鈔票味，還是岩蘭草太有魅力？！

製作四種香調

前調香調No.1：綠桔香調

- 香調配方：綠桔100％＋金盞菊100％
- 主香氣：綠桔
- 建議比例：4：1
- 轉換成滴數：16滴和4滴（總滴數20滴，在10ml滴管瓶中）
- 香調濃度：10％

　　兩種原料的安排：香調中綠桔的氣味在金盞菊一絲絲微蠟感的加乘作用下，頓時三級跳，更顯高貴。

前調香調No.2：金盞菊香調

- 香調配方：金盞菊100％＋綠桔100％
- 主香氣：金盞菊
- 建議比例：1：1
- 轉換成滴數：10滴和10滴（總滴數20滴，在10ml滴管瓶中）
- 香調濃度：10％

　　兩種原料的安排：香調中兩種原料的濃度和滴數相同，金盞菊的菊花、蠟味領先綠桔的柑橘香。而綠桔的「類皮件味」，修掉了金盞菊悶悶的味道，這是一款獨具一格的香調。

後調香調No1：香脂果豆木香調

- 香調配方：香脂果豆木100%＋岩蘭草100%
- 主香氣：香脂果豆木
- 建議比例：4：1
- 轉換成滴數：16滴和4滴（總滴數20滴，在10ml滴管瓶中）
- 香調濃度：10%

　　兩種原料的安排：香調中使用大量的香脂果豆木，使得香調的味道成為一款百搭的好原料。而少量的岩蘭草，加重了香脂果豆木的厚度。

後調香調No.2：岩蘭草香調

- 香調配方：岩蘭草100%＋香脂果豆木100%
- 主香氣：岩蘭草
- 建議比例：2：3
- 轉換成滴數：8滴和12滴（總滴數20滴，在10ml滴管瓶中）
- 香調濃度：10%

　　兩種原料的安排：香調中借重香脂果豆木的粉香，柔化岩蘭草強烈的土、木、煙燻味，產出的岩蘭草土味適中，更能與其他原料共創香水。

🌸 節慶香水NO.1：新年

波旁天竺葵的氣味鮮明，花香中有微微的粉甜味，隱約可以聞出「岩蘭草香調」的土味，給予香水穩健踏實感。

香水配方表：香水氣味主題——花香調（波旁天竺葵）

香調	原料名稱	a 起始滴數	b 增加滴數	c 滴數總合 a+b	d 乘10倍 c*10	e 細修	f 總滴數 d+e	g 放大2倍
前調	綠桔香調 10%	1		1	10		10	20
中調	波旁天竺葵 10%	1	＋1	2	20	＋2	22	44
後調	香脂果豆木香調10%	1	＋1	2	20		20	40
	香脂果豆木 10%					＋1	1	2
	香水濃度÷10%（淡香水EDT）					53滴＋106滴=159滴（約4ml）		

🍇 祝福小語

你們必如鷹展翅上騰，奔跑卻不困倦，行走卻不疲乏。

（以賽亞書40：31）

🌸 生日香水NO.1：一月壽星專屬禮物

「綠桔香調」的氣味討喜，柑橘香味中有來自金盞菊輕微的蠟味，波旁天竺葵的花香則是躲在柑橘味道的後面，加增香氣的豐富度。

香水配方表：香水氣味主題──柑橘調（綠桔香調）

香調	原料名稱	a 起始滴數	b 增加滴數	c 滴數總合 a+b	d 乘10倍 c*10	e 細修	f 總滴數 d+e	g 放大2倍
前調	綠桔香調 10%	1	+1	2	20		20	40
	綠桔 10%					+3	3	6
中調	波旁天竺葵 10%	1		1	10		10	20
後調	岩蘭草香調 10%	1		1	10		10	20
	香水濃度÷10%（淡香水EDT）						43滴＋86滴 =129滴 （約3.2ml）	

🫐 祝福小語

我必堅固你，我必幫助你，我必用我公義的右手扶持你。

（以賽亞書41：10）

🌸 日常香水NO.1：迎接豐盛的人生

「岩蘭草香調」氣味厚實，當它的木香、土味與波旁天竺葵花香相遇時，吐露出暖暖的溫度，淡柔的粉甜味會慢慢的展露出來。

香水配方表：香水氣味主題──木質調（岩蘭草香調）

香調	原料名稱	a 起始滴數	b 增加滴數	c 滴數總合 a＋b	d 乘10倍 c*10	e 細修	f 總滴數 d＋e	g 放大2倍
前調	金盞菊香調 10%	1		1	10		10	20
中調	波旁天竺葵 10%	1		1	10		10	20
後調	岩蘭草香調 10%	1	＋1	2	20		20	40
	岩蘭草 10%					＋2	2	4
		香水濃度÷10%（淡香水EDT）					42滴＋84滴 =126滴 （約3.2ml）	

🫐 祝福小語

你使我腳下的道路寬闊，使我不致滑倒。

（詩篇18：36）

2 月 February

True Lavender

香氣代表：真正薰衣草

薰衣草的英文名字Lavender，是從拉丁文Lavere而來，代表洗（to wash）的意思。這個「洗」字帶有「洗去、脫去、除去」的感覺，與二月的農曆新年，家戶戶忙著除舊布新，迎接新年的來到，有異曲同工之妙，因此，我選它作為二月分的代表香氣。

由於薰衣草的拉丁文有「清洗」的含意，許多的沐浴用品、深層清潔產品、居家香氛中，都有它的香氣足跡，好似使用它能淨化身心。

我多年使用真正薰衣草精油的心得是，它在氣味上象徵著洗去我一整天的「污穢」，可以幫助我安靜睡去。最近我有個新的發現，真正薰衣草精油的味道，除了給人平靜、安穩外，還有復原力。這復原力是指在充分休息後會重新獲得力氣、力量，讓人能夠再次出發，向前行，這時做起事來也能格外順心。這個新體悟，翻轉了我最初對真正薰衣草精油的刻板印象。

🌸 三種主題精油香水的香氣氛圍

1. 節慶香水：農曆新年

每年二月，你我會除舊布新大掃除，迎接農曆新年的到來。而「爆竹一聲除舊歲」是說在爆竹聲中，道別舊年向新年打聲招呼。這款別出心裁的「農曆新年節慶香水」，願所有人在香氣中，洗滌身、心後準備過個好年。

回想一下，每年農曆新年前，大街小巷到處張燈結綵，喜氣洋洋，華人們也會進行大掃除，準備迎接新的一年的來到。這款節慶香水就像一場除舊布新的舞會，蘊涵「真正薰衣草」乾淨的草本味和「雪松苔香調」新奇的木質香，在珍貴的「香蜂草香調」加分下，象徵把所有不開心、不好的事物都送走，迎來的是新的盼望。這不僅僅是一款香水，更像是人生的新開始。

2. 生日香水：二月壽星

第二種精油香水是特別為二月壽星準備的禮物，除了專屬的香水配方，還有祝福小語，讓壽星備受尊榮。你也可以將這份禮物，送給二月生日的壽星，如此用心的禮物，對方會記得你的心意。

二月壽星是有正義感也喜歡結交朋友的人，這款生日香水帶著「綠檸檬香調」的清新明亮感，和「雪松苔香調」稀有的大地味，結合「真正薰衣草」平易近人的香氣，烘托出一種個性化又帶舒適感的氛圍。它不僅是對壽星的祝福，更是一種對他們性格的讚賞，讓他們在生日當天備受矚目。

3. 日常香水：獲得工作上的得勝（適合想離職、轉職、創業者）

二月除了歡慶農曆新年也是轉職潮，不論是轉職、轉換工作跑道、新創業的朋友們，絕對都需要滿滿的祝福。第三種精油香水是「獲得工作上的得勝」，在這馨香之氣中，祝福人人「春滿乾坤福滿門」，未來的一年如同春天般朝氣蓬勃，手邊的事物都旗開得勝。

我們都期許在工作上有所表現，締造卓越的成績。這款日常香水就像是一個啦啦隊隊長，時時給你必要的鼓勵。它含有「廣藿香香調」滋養的土壤味，再增添「綠檸檬香調」和「真正薰衣草」蓬勃的朝氣感，宛如注入充足的養分，使你做起事來分外的順利。這款香水不僅是一種氣味，更是一種每天給你正向祝福的管道，讓你在工作上旗開得勝。

🌸 香水設計概念

「真正薰衣草」是二月的代表香氣，在調配三種主題精油香水時都會使用到它。它的香氣揮發度是位於中調，這代表在香水配方表中，還需要前調和後調的原料。綠檸檬、香蜂草、廣藿香、雪松苔原精是我選出與真正薰衣草搭配的四種原料。

原料依香氣揮發度分類

- ◆ 前調：綠檸檬、香蜂草
- ◆ 後調：廣藿香、雪松苔原精

如何使用這四種原料

為了使精油香水的氣味更細緻，我會先將上列四種精油，以相同香氣揮發度去分類，兩兩一組創作出四種香調（各香調中，兩種精油的建議比例，請參考後面單元介紹）。四種香調如下：

- ◆ 前調香調NO.3：綠檸檬香調（綠檸檬＋香蜂草）
- ◆ 前調香調NO.4：香蜂草香調（香蜂草＋綠檸檬）
- ◆ 後調香調NO.3：廣藿香香調（廣藿香＋雪松苔原精）
- ◆ 後調香調NO.4：雪松苔香調（雪松苔原精＋廣藿香）

四種原料的安排方式

我在原料的選擇上,會安排一種原料氣味柔和(綠檸檬100％、廣藿香10％)、另一種則比較強烈(香蜂草10％、雪松苔原精0.8％),我發現這樣的組合在進入創作香調時,氣味比較好掌控。

接下來,四種香調會與稀釋的真正薰衣草進行香氣測試,找出最適合的配搭組合(三種主題精油香水使用到的香調,請參考後面單元介紹)。

🌸 五種原料小檔案

編號	精油名稱	英文名稱	拉丁學名
6	真正薰衣草	True Lavender	*Lavandula angustifolia*
7	綠檸檬	Green Lemon	*Citrus × limon*
8	香蜂草	Melissa	*Melissa officinalis*
9	廣藿香	Patchouli	*Pogostemon cablin*
10	雪松苔原精	Cedarmoss Absolute	*Pseudevernia furfuracea*

真正薰衣草

英文	True Lavender	拉丁學名	*Lavandula angustifolia*
萃取方式	蒸餾	萃取部分	開花的藥草
科別	唇形科	主要化學成分	乙酸沉香酯（Linalyl acetate）
香氣家族	草本	香氣調性	中調

　　草本香氣家族成員之一的真正薰衣草，有著名副其實的草本味，深受精油愛好者喜愛。萃取自開花藥草的真正薰衣草精油，含有高比例的乙酸沉香酯，這香氣分子令真正薰衣草精油，富含微妙的甜感、淡雅的花香。乙酸沉香酯是一個常見的氣味分子，主要存在於香蜂草、佛手柑、苦橙葉、快樂鼠尾草、醒目薰衣草、墨西哥沉香等精油中。不計其數的精油、原精裡都含有乙酸沉香酯，所占的比例多寡因「油」而異。

　　在初階的課程中，為了燃起學生們對花香原料的好奇心，會規定大家先不調出以薰衣草為主香氣的香調，但學生們還是很愛薰衣草，捨不得「放下」它。這時我會協助他們，只要濃度和滴數選用適宜，小量的薰衣草是可以興起配方中花朵的甜味，擴散出花束的花香感。草本味、甜感、微花香的氣味特徵，使得真正薰衣草的地位一躍而起，榮登配製中性香水的新寵兒。此外，真正薰衣草也是打造氣質出眾的「馥奇調香水氣味主題」的「必備原料」之一。

綠檸檬

英文	Green Lemon	拉丁學名	*Citrus × limon*
萃取方式	冷溫壓榨	萃取部分	果皮
科別	芸香科	主要化學成分	檸檬烯（Limonene）
香氣家族	柑橘	香氣調性	前調

　　綠檸檬精油是在果實還未成熟、果皮未變黃時，以冷溫壓榨萃取自檸檬果皮的精油，它的氣味與黃檸檬精油相仿。我個人覺得綠檸檬精油比黃檸檬精油酸，還帶有果皮的青澀味，也蘊含些微的歡樂感，一點朝氣蓬勃的氛圍。

　　難能可貴的是，每次我嗅聞綠檸檬精油時，有股鹹香味在其中，忍不住想來杯「港式凍檸茶」（寫到這，我的口水直直流呀）。因著這原因，我馬上想將綠檸檬選入四種原料之一，來與二月代表香氣——真正薰衣草精油做搭配。

香蜂草

英文	Melissa	拉丁學名	*Melissa officinalis*
萃取方式	蒸餾	萃取部分	全株藥草
科別	唇形科	主要化學成分	檸檬醛（Citral）
香氣家族	柑橘	香氣調性	前調

　　以蒸餾萃取自全株藥草的香蜂草精油，看起來應該是要歸入草本或是藥香香氣家族中，但因它含有高比例的檸檬醛，那是一種相似柑橘味（特別是檸檬味）的香氣分子，因此我將香蜂草精油歸入柑橘香氣家族中。在山雞椒、檸檬馬鞭草等精油中，也可以找到此氣味分子的蹤影。

　　多年前，曾看過某知名精油品牌有一款香蜂草精油，廠商將它搭配真正薰衣草，比例是香蜂草40%、真正薰衣草60%，這款複方精油的味道仍可以清楚嗅聞出香蜂草的檸檬味，但此時香蜂草潮濕的葉片感已降到最低，不只這樣，也解決了香蜂草價格高昂的問題。

　　我決定把握這次機會，仿效這個精油品牌的做法，選用香蜂草做為四種原料之一，來與二月代表香氣──真正薰衣草精油做搭配。

> **補充說明**
>
> 　　檸檬醛（Citral）＝牻牛兒醛（Genarial）＋橙花醛（Neral），氣味除了類似防蚊液味，仔細品香下，約略有花香的氣息。曾有學生分享，他聞到玫瑰花味，太特別了！
>
> 　　香蜂草中微量的乙酸沉香酯和沉香醇，兩種香氣分子也存在於真正薰衣草精油中，我想廠商會有上面的做法，或許是「氣味連結」的概念吧！

廣藿香

英文	Patchouli	拉丁學名	*Pogostemon cablin*
萃取方式	蒸餾	萃取部分	全株藥草
科別	唇形科	主要化學成分	廣藿香醇（Patchoulol）
香氣家族	鄉野	香氣調性	後調

歸於鄉野香氣家族的廣藿香精油，我常聽到對它的香味形容是：「潮濕的泥土味、菸草味、中藥感、藥酒、像左手香植物」等。光聽到這些形容，你會不會「聞之色變」，不敢嘗試廣藿香精油？！

聖經中有一句話：「兩個人總比一個人好，因為二人勞碌同得美好的果效。」這裡說到的是，一個人就算能力再強，只靠自己是沒有辦法取得成功，需要有團隊的合作。

將這句話套用在精油調香中，假設你不敢碰廣藿香精油，或廣藿香精油未曾出現於你的原料選單中，現在只要將廣藿香與另一種精油做配對，發揮合作的精神，調製成一瓶「廣藿香香調」，這樣你就有一款貼近你鼻子喜愛的廣藿香氣味的原料。

雪松苔原精

英文	Cedarmoss Absolute	拉丁學名	*Pseudevernia furfuracea*
萃取方式	溶劑	萃取部分	地衣真菌
科別	梅衣科	主要化學成分	地衣（P. furfuracea）
香氣家族	鄉野	香氣調性	後調

　　與橡木苔原精（Oakmoss Absolute）同為鄉野香氣家族成員的雪松苔原精，苔蘚味比橡木苔原精輕薄，期望減低一些你對使用苔類原料的顧慮。

　　雪松苔原精罕有的苔味，可與薰衣草精油架構出誘人的「馥奇調香水氣味主題」，而與柑橘類原料合作時，能調配出光感與暗度合宜的「柑苔調香水氣味主題」。因此雪松苔是我所選四種原料之一，來與二月代表香氣──真正薰衣草精油做搭配。

　　由於歐盟對使用苔類原料訂出劑量的規定，在下列示範中，我除了控制雪松苔原精的濃度，在滴數上也都低於歐盟的規定。雖然苔的氣味略顯不足，但我們已盡全力了，如果你對苔原料仍有顧慮，你可以跳過。

製作四種香調

前調香調NO.3：綠檸檬香調

- 香調配方：綠檸檬100%＋香蜂草10%
- 主香氣：綠檸檬
- 建議比例：3：2
- 轉換成滴數：12滴和8滴（總滴數20滴，在10ml滴管瓶中）
- 香調濃度：約10%

　　兩種原料的安排：香調中為要顯出綠檸檬的活潑度，又不想它的氣味被壓住，進而採用10%濃度的香蜂草，借重它所含的檸檬醛味，突顯香調中的檸檬香也帶點個性化，完成後的味道很不錯。

前調香調NO.4：香蜂草香調

- 香調配方：香蜂草10%＋綠檸檬100%
- 主香氣：香蜂草
- 建議比例：3：1
- 轉換成滴數：15滴和5滴（總滴數20滴，在10ml滴管瓶中）
- 香調濃度：約10%

　　兩種原料的安排：香調中只規劃10%濃度的香蜂草，它氣味很足夠。綠檸檬鹹鹹的味道，有烘托出香蜂草的草香，配合度十足。

後調香調NO.3：廣藿香香調

- 香調配方：廣藿香10％＋雪松苔原精0.8％
- 主香氣：廣藿香
- 建議比例：2：3
- 轉換成滴數：8滴和12滴（總滴數20滴，在10ml滴管瓶中）
- 香調濃度：約10％

　　兩種原料的安排：為配合歐盟對苔原料的規定，香調中只用超微量的雪松苔原精，期許極低濃度的雪松苔原精仍有機會被聞到。因此，我在配方中挑選10％濃度的廣藿香，這樣的組合，也是一個迎合新時代的到來，代替苔原料的作法之一。

後調香調NO.4：雪松苔香調

- 香調配方：雪松苔原精0.8％＋廣藿香10％
- 主香氣：雪松苔原精
- 建議比例：9：1
- 轉換成滴數：18滴和2滴（總滴數20滴，在10ml滴管瓶中）
- 香調濃度：約10％

　　兩種原料的安排：因種種限制的因素，香調中只用0.8％濃度的雪松苔原精。想要表達出雪松苔原精稀有的大地、木質和性感的氣息，只能靠低濃度（10％）的廣藿香來輔助。如果你對苔原料仍有顧慮，你可以跳過不選用它。

節慶香水NO.2：農曆新年

真正薰衣草的草本味相當柔和,「雪松苔香調」則為香水加添質感,整體沒有過多的土味,香氣也不會過於沉重。

香水配方表：香水氣味主題——馥奇調（真正薰衣草＋雪松苔香調）

香調	原料名稱	a 起始滴數	b 增加滴數	c 滴數總合 a＋b	d 乘10倍 c*10	e 細修	f 總滴數 d＋e	g 放大2倍
前調	香蜂草香調÷10%	1		1	10		10	20
中調	真正薰衣草10%	1		1	10	＋1	11	22
後調	雪松苔香調÷10%	1	＋2	3	30		30	60
	雪松苔原精0.8%					＋3	3	6
	香水濃度÷9.47%（淡香水EDT）						54滴＋108滴 ＝162滴 （約4.1ml）	

＊因配合IFRA規定,「雪松苔香調」的濃度已遠低於10%,香水的真實濃度會更低於9.47%。

祝福小語

我要做一件新事,我必在曠野開道路,在沙漠開江河。

（以賽亞書43：19）

🌸 生日香水NO.2：二月壽星專屬禮物

「綠檸檬香調」的柑橘香很清新，「雪松苔香調」的味道則是若隱若現，不時發送出一縷真正薰衣草的草本味，這味道延長了柑橘果香，整體不會過於輕快。

香水配方表：香水氣味主題——柑苔調（綠檸檬香調＋雪松苔香調）

香調	原料名稱	a 起始滴數	b 增加滴數	c 滴數總合 a＋b	d 乘10倍 c*10	e 細修	f 總滴數 d＋e	g 放大2倍
前調	綠檸檬香調÷10％	1	＋2	3	30		30	60
	綠檸檬10％					＋7	7	14
中調	真正薰衣草10％	1		1	10		10	20
後調	雪松苔香調÷10％	1		1	10		10	20
	雪松苔原精0.8％					＋1	1	2
	香水濃度÷9.82％（淡香水EDT）						58滴＋116滴 ＝174滴 （約4.4ml）	

＊因配合IFRA規定，「雪松苔香調」的濃度已遠低於10％，香水的真實濃度會更低於9.82％。

🫐 祝福小語

義人的路好像黎明的光，越照越明，直到日午。（箴言4：18）

🌸 日常香水NO.2：獲得工作上的得勝

「廣藿香香調」的木香、泥土味，撞見真正薰衣草草本香時，宛如來到了鄉村，赤腳走在土壤中，被土壤中的養分滋養著的景象。

香水配方表：香水氣味主題——木質調（廣藿香香調）

香調	原料名稱	a 起始滴數	b 增加滴數	c 滴數總合 a+b	d 乘10倍 c*10	e 細修	f 總滴數 d+e	g 放大2倍
前調	綠檸檬香調÷10%	1		1	10		10	20
中調	真正薰衣草 10%	1		1	10		10	20
後調	廣藿香香調÷10%	2	+2	4	40		40	80
	廣藿香 1%					+7	7	14
	香水濃度÷9.05%（淡香水EDT）						67滴＋134滴 =201滴 （約5ml）	

＊因配合IFRA規定，「廣藿香香調」中，因有使用超微量的苔原料，香調的濃度已遠低於10%，香水的真實濃度會更低於9.05%。

🍇 祝福小語

願你堅立我們手所做的工，我們手所做的工，願你堅立！

（詩篇90：17）

3 月 March

Narcissus Absolute

香氣代表：水仙原精

說到水仙，你可能會聯想到美男子納西瑟斯（Narcissus）的神話故事，雖然故事結局有點悲傷，但發人深思的是「你喜歡（愛）自己嗎？」。

三月的國際婦女節，除了感謝婦女們的辛勞，也提醒身為女性的我們有多久沒好好愛自己了？於是，我將水仙原精選作三月分的代表香氣。

水仙原精具有截然不同的香味，有些人會聞到花香，少數人覺得有藥味，也有人嗅到它甜美的果香味。不管氣味的走向如何，水仙原精的氣味極具特色，初聞不會令人討厭，也願意多花心思再細細品味它味道的美妙。似乎傳達著人人都具有獨特的個人魅力，當你將焦點轉向自己，心力放在自己身上，舉手投足的每一刻，你都能散發迷人的風采！

🌸 三種主題精油香水的香氣氛圍

1. 節慶香水：婦女節

　　每年的3月8日國際婦人節是專屬女性的節日，在臺灣的商家們也因應節慶，新創了「38女王節」這個新名詞。為了感謝女性們為家庭、職場或是社會所付出的辛勞，我特地準備一款「婦女節節慶香水」，願所有女性在香氣中，多多愛自己、呵護自己，給自己一個超大的擁抱。

　　不論是叫女王節還是婦女節，都在宣告女性們要好好愛自己，妳是無價之寶。這款節慶香水就像一件華麗的衣裳，飄散出「水仙原精」美妙的花味，在「黑醋栗香調」和「古巴香脂香調」的裝飾下，勇敢的穿上它，做妳自己的女王吧！這不僅僅是一款香水，更像是走在人生的伸展台上，大聲的說出：「我比任何人更具有價值」。

2. 生日香水：三月壽星

　　第二種精油香水是特別為三月壽星準備的禮物，除了專屬的香水配方，還有祝福小語，讓壽星備受尊榮。你也可以將這份禮物，送給三月生日的壽星，如此用心的禮物，對方會記得你的心意。

　　三月壽星是人見人愛、偏愛創新的事物的人。這款生日香水具有「苦橙香調」活潑的氣息，揉合少見的「水仙原精」和討喜的「墨西哥沉香香調」，揭開輕盈、甜美的氛圍。它不僅是對壽星的祝福，更是一種對他們動人風采的認同，讓他們在生日當天感受到焦點聚集在他們身上的明星感。

3. 日常香水：散發特有的魅力（適合找新對象、戀情加溫、或穩固婚姻使用）

　　三月除了給女王們寵愛自己的機會，也經由節慶來提醒我們，每個人都有獨特的性格和風味。每天忙錄的生活中，一不小心就會忽略自己。第三種精油香水是「散發特有的魅力」，在這馨香之氣中祝福女性們（男性們

也很需要），一起來重新認識自己，泰然的與自己相處，盡情散發特有且迷人的魅力。

　　我們都期望被別人喜歡，成為一位受歡迎的人。這款日常香水就像是一個內在提醒者，每天對你心靈喊話。它蘊藏「黑醋栗香調」絕無僅有的果香味，再加添「水仙原精」和「墨西哥沉香香調」高雅魅人的氣息，好像在對你說「去吧！不要怕！去散發你獨特的魅力」。這款香水不僅是一種氣味，更是一位不可或缺的好朋友，帶你看見獨一無二的自己，並將這圖像深深烙印在你的心中。

香水設計概念

「水仙原精」是三月的代表香氣，在調配三種主題精油香水時，都會使用到它。它的香氣揮發度是位於中調，這代表在香水配方表中，還需要前調和後調的原料。苦橙、黑醋栗原精、墨西哥沉香、古巴香脂是我選出與水仙原精搭配的四種原料。

原料依香氣揮發度分類

- ◆ 前調：苦橙、黑醋栗原精
- ◆ 後調：墨西哥沉香、古巴香脂

如何使用這四種原料

為了使精油香水的氣味更細緻，我會先將上列四種精油以相同香氣揮發度去分類，兩兩一組創作出四種香調（各香調中，兩種精油的建議比例，請參考後面單元介紹）。四種香調如下：

- ◆ 前調香調NO.5：苦橙香調（苦橙＋黑醋栗原精）
- ◆ 前調香調NO.6：黑醋栗香調（黑醋栗原精＋苦橙）
- ◆ 後調香調NO.5：墨西哥沉香香調（墨西哥沉香＋古巴香脂）
- ◆ 後調香調NO.6：古巴香脂香調（古巴香脂＋墨西哥沉香）

四種原料的安排方式

我在原料的選擇上，會安排一種原料氣味柔和（苦橙100％、古巴香脂100％）、另一種則是比較強烈（黑醋栗原精7％、墨西哥沉香100％），我發現這樣的組合在創作香調時，氣味比較好掌控。

接下來，四種香調會與稀釋的水仙原精進行香氣測試，找出最適合的配搭組合（三種主題精油香水使用到的香調，請參考後面單元介紹）。

🌸 五種原料小檔案

編號	精油名稱	英文名稱	拉丁學名
11	水仙原精	Narcissus Absolute	*Narcissus poeticus*
12	苦橙	Bitter Orange	*Citrus aurantium*
13	黑醋栗原精	Cassis Absolute	*Ribes nigrum*
14	墨西哥沉香	Linaloe Berry	*Bursera delpechiana*
15	古巴香脂	Copaiba Balm	*Copaifera officinalis*

水仙原精

英文	Narcissus Absolute	拉丁學名	*Narcissus poeticus*
萃取方式	溶劑	萃取部分	花朵
科別	石蒜科	主要化學成分	苯甲酸苄酯（Benzyl benzoate）
香氣家族	花香	香氣調性	中調

　　這支以溶劑萃取自花朵的水仙原精，萃油量相當稀少，價格頗昂貴。我個人覺得水仙原精在未稀釋時，氣味濃度與大馬士革玫瑰和晚香玉原精一樣濃郁。稀釋為1%濃度的水仙原精，就能聞出它氣味真正美妙之處，我形容它是花香帶著水果味（可搭配白玉蘭）、粉粉的花味（可與晚香玉原精配對）、輕淡的綠意感（銀合歡會是個搭配的好夥伴）。

　　水仙原精的主要的化學成分是苯甲酸苄酯，在茉莉原精、晚香玉原精、依蘭、蘇合香等原料中，可以尋找到這項有機化合物的足跡。多數人聞到水仙原精會覺得有淡雅的花香，鼻子敏銳度高的人會嗅到細微的香脂和杏仁味，這是苯甲酸苄酯的氣味特徵。

　　我迫不及待將水仙原精與其他四種原料聯合起來，盼望能產出有層次、高雅的精油香水。這款「節慶香水NO.3：婦女節」味道極讚，讓我非常滿意。

苦橙

英文	Bitter Orange	拉丁學名	*Citrus aurantium*
萃取方式	冷溫壓榨	萃取部分	果皮
科別	芸香科	主要化學成分	檸檬烯（Limonene）
香氣家族	柑橘	香氣調性	前調

　　苦橙精油是以冷溫壓榨，萃取自苦橙樹成熟的果實，它的氣味與綠苦橙精油接近。不同的是苦橙精油的甜度比綠苦橙多，但又沒有甜橙精油來得甜。它的苦感也不會太凸顯，是一款在柑橘香氣家族中，可與其他原料「好相處」的精油品項，排名僅次於日本柚子、甜橙、血橙。

　　對了，許多人聞到它的香味時會想到細柔的花感（相似橙花的氣息）。參考以上的因素，苦橙是我所選四種原料之一，來與三月代表香氣——水仙原精做搭配。

黑醋栗原精

英文	Cassis Absolute	拉丁學名	*Ribes nigrum*
萃取方式	溶劑	萃取部分	花苞
科別	石榴科	主要化學成分	萜品油烯（Terpinolene）
香氣家族	果香	香氣調性	前調

　　黑醋栗又稱黑加倫，以溶劑萃取自花苞的黑醋栗原精，有兩種稀奇的味道。第一種是「可貴的果香」，在精油香水中要產出果香調氣味主題的香水，有一定的困難度，因為精油中沒有草莓、鳳梨、杏桃等原料。黑醋栗原精的上市，對於精油香水工作者來說是一大福音，有望將果香調香水的味道更上一層樓！

　　另一種稀奇的氣味是「動物味」，不只一位學生聞到它帶有動物感，甚至還直接說出是「貓尿味」，讓其他學員對於這支原料又愛又面有難色。當精油的氣味聞起來有「動物味」時，就要好好把握機會，揮發它與其他原料攜手後的威力！於是，黑醋栗原精是我所選四種原料之一，來與三月代表香氣──水仙原精做搭配。

墨西哥沉香

英文	Linaloe Berry	拉丁學名	*Bursera delpechiana*
萃取方式	蒸餾	萃取部分	漿果
科別	橄欖科	主要化學成分	乙酸沉香酯（Linalyl acetate）、沉香醇（Linalool）
香氣家族	木香	香氣調性	後調

　　初次接觸墨西哥沉香精油，深感它是花梨木、真正薰衣草和佛手柑這三種精油的綜合體。深入了解後，得知以蒸餾法萃取自漿果的墨西哥沉香精油，含有較高比例的乙酸沉香酯，和一定比例的沉香醇。

　　沉香醇是花梨木精油中主要的化學分子，而乙酸沉香酯在佛手柑精油中，占的比例不低，這兩種香氣分子在真正薰衣草精油中含量也滿高的。這些資料說明了，最初我聞到墨西哥沉香精油時，感覺很像三種精油的綜合體，走向是相符的。

　　我將墨西哥沉香精油歸入木香香氣家族，而不是柑橘香氣家族或草本香氣家族，原因是它在氣味上可以替代日漸昂貴的花梨木精油，在功能上，它可以與花梨木共組一款「後調香調」，進而修飾現在市場上的花梨木精油，帶有一些刺刺的葉片味。

古巴香脂

英文	Copaiba Balm	拉丁學名	*Copaifera officinalis*
萃取方式	蒸餾	萃取部分	樹脂
科別	豆科	主要化學成分	β-丁香油烴（石竹烯）（β-Caryophyllene）
香氣家族	香脂	香氣調性	後調

　　以蒸餾法萃取自樹脂的古巴香脂精油，含有較高比例的β-丁香油烴，在黑胡椒、丁香花苞、依蘭等精油中也含有這項香氣分子。

　　你可能會以為古巴香脂的氣味應該如辛香料精油一樣很強烈，但其實它是一支「超和善」的原料。在調香中，常常當配角默默的付出，以不打擾其他原料的態度存在於配方中，這是高手的身段。

　　在多年教學中，常想著該如何介紹古巴香脂精油的香味，通常我會以接近無色、無味來形容它。參考眾多學生們的氣味形容中，有三個有趣的聯想：「免洗筷子、紙箱味和A4白紙」。這三件物品，我之前還真的沒特地聞過它們的味道，但在聽完學生的分享後，我好好的仔細聞聞它們，真的有像古巴香脂精油所散發的氣味。因而，我想試試將古巴香脂列為所選四種原料之一，來與三月代表香氣——水仙原精做搭配。

🌸 製作四種香調

前調香調NO.5：苦橙香調

- 💧 香調配方：苦橙100％＋黑醋栗原精7％
- 💧 主香氣：苦橙
- 💧 建議比例：3：1
- 💧 轉換成滴數：15滴和5滴（總滴數20滴，在10ml滴管瓶中）
- 💧 香調濃度：約10％

　　兩種原料的安排：香調中使用7％濃度的黑醋栗原精，少少幾滴，就可為苦橙的味道增進創新的風味。

前調香調NO.6：黑醋栗香調

- 💧 香調配方：黑醋栗原精7％＋苦橙100％
- 💧 主香氣：黑醋栗原精
- 💧 建議比例：3：1
- 💧 轉換成滴數：15滴和5滴（總滴數20滴，在10ml滴管瓶中）
- 💧 香調濃度：約10％

　　兩種原料的安排：香調中雖然只用7％濃度的黑醋栗原精，但它仍霸氣十足。在苦橙柑橘味的協助下，黑醋栗原精所帶的動物感氣味，變得較薄弱，不容易被鼻子察覺到，晉升為一款好用的香調。

後調香調NO.5：墨西哥沉香香調

- 香調配方：墨西哥沉香100％＋古巴香脂100％
- 主香氣：墨西哥沉香
- 建議比例：1：1
- 轉換成滴數：10滴和10滴（總滴數20滴，在10ml滴管瓶中）
- 香調濃度：10％

　　兩種原料的安排：香調中規劃墨西哥沉香和古巴香脂共組一款香調，在它們的濃度和滴數都相同下，墨西哥沉香的味道仍是主香氣，這是一款和藹可親、不擺架子的香調。

後調香調NO.6：古巴香脂香調

- 香調配方：古巴香脂100％＋墨西哥沉香100％
- 主香氣：古巴香脂
- 建議比例：4：1
- 轉換成滴數：16滴和4滴總滴數20滴，在10ml滴管瓶中）
- 香調濃度：10％

　　兩種原料的安排：香調中特意加大古巴香脂的滴數，好叫它盡全力發揮得力助手的「長才」——就是延長氣味的留香度。配方中施以微少的墨西哥沉香，是想給香調一個微亮的方向，一點木味、一點甜感。

🌸 節慶香水NO.3：婦女節

水仙原精的花味、果味表現的十分出色，低濃度的水仙原精卻能發揮如此大的威力，「黑醋栗香調」是一大功臣，整瓶香水的價格，遠遠超過其他的花香香水。

香水配方表：香水氣味主題——花香調（水仙原精）

香調	原料名稱	a 起始滴數	b 增加滴數	c 滴數總合 a+b	d 乘10倍 c*10	e 細修	f 總滴數 d+e	g 放大2倍
前調	黑醋栗香調 ÷10%	1		1	10		10	20
中調	水仙原精 0.8%	1	+1	2	20	+5	25	50
後調	古巴香脂香調 10%	1		1	10		10	20
	香水濃度÷4.88%（古龍水EDC）						45滴＋90滴 =135滴 （約3.4ml）	

🫐 祝福小語

才德的婦人誰能得著呢？她的價值遠勝過珍珠。

（箴言31：10）

生日香水NO.3：三月壽星專屬禮物

「苦橙香調」的氣味輕巧、活躍，水仙原精的花香果味，間接提升柑橘的亮度。額外加入1滴低濃度的黑醋栗原精，頗有畫龍點睛之妙，讓香水發散歡樂活潑的氣息。

香水配方表：香水氣味主題——柑橘調（苦橙香調）

香調	原料名稱	a 起始滴數	b 增加滴數	c 滴數總合 a+b	d 乘10倍 c*10	e 細修	f 總滴數 d+e	g 放大2倍
前調	苦橙香調 ÷10%	2	+1	3	30		30	60
前調	苦橙 10%					+3	3	6
前調	黑醋栗原精 0.7%					+1	1	2
中調	水仙原精 0.8%	1		1	10		10	20
後調	墨西哥沉香香調10%	1		1	10		10	20
	香水濃度≒8.13%（淡香水EDT）						54滴＋108滴=162滴（約4.1ml）	

祝福小語

興起、發光！因為你的光已經來到。

（以賽亞書60：1）

🌸 日常香水NO.3：散發特有的魅力

「黑醋栗香調」難得的果香味與水仙原精搭配起來，氣味無敵的匹配。整款香水的果香感，聞起來既飽滿又圓潤。

香水配方表：香水氣味主題——果香調（黑醋栗原精香調）

香調	原料名稱	a 起始 滴數	b 增加 滴數	c 滴數 總合 a+b	d 乘10倍 c*10	e 細修	f 總滴數 d+e	g 放大 2倍
前調	黑醋栗香調 ÷10%	2	+1	3	30		30	60
	黑醋栗原精 0.7%					+4	4	8
中調	水仙原精 0.8%	1		1	10		10	20
後調	墨西哥沉香 香調10%	1		1	10		10	20
	香水濃度÷7.59%（淡香水EDT）						54滴＋108滴 =162滴 （約4.1ml）	

＊「黑醋栗香調」的濃度已遠低於10%，香水的真實濃度會更低於7.59%。

🫐 祝福小語

我受造奇妙可畏；你的作為奇妙，這是我心深知道的。

（詩篇139：14）

Natural Ingredients

4 月 April

Neroli

香氣代表：橙花

　　萃取自高大苦橙樹所開的花朵的橙花精油，香氣是如此的芳香、秀氣，不禁讚嘆地球能量的豐沛，使萬物皆可生長。

　　橙花精油向來以潔白、純淨、明亮聞名，它香氣的特質可以喚起世人，去意識到愛護地球已是刻不容緩之事。因此，我將橙花選作四月分的代表香氣。

　　小小的橙花萃取成精油後，它的氣味不只輕快、活潑，也承載著陽光般的亮度，好似能照亮內心情緒的憂暗處。當憂暗轉為光亮時，混亂的思緒也跟著清晰起來。

　　不容忽視的是，橙花也是早期古龍水重要的成分之一，一直到現在，以橙花為主要香味的古龍水、淡香水，仍深受「愛香人」的寵愛。我想多數人就是喜歡這一味，或許想多一點時間處在沐浴後，潔淨感的氣氛和情調中。

🌸 三種主題精油香水的香氣氛圍

1. 節慶香水：世界地球日

每年四月有個與地球有關的節日，是世界地球日，這是全球性的環境保護活動。為了表達對地球的感謝，給予你我優美的環境，我特製一款「世界地球日節慶香水」，願所有人在香氣中，感受到一股純淨、舒適感，同時記得更要好好愛護地球。

持續升溫的地球，已不停在吶喊，期望全世界的人類關注到它的「發熱」。這款節慶香水就像一個灑水器，噴散出「橙花」乾淨、潔白的花果味，在「佛手柑香調」和「東印度檀香香調」的參與下，幫地球適時的降溫。這不僅僅是一款香水，更像是一項響應環保的行動，促進人類與大自然和諧共處的起點。

2. 生日香水：四月壽星

第二種精油香水是特別為四月壽星準備的禮物，除了專屬的香水配方，還有祝福小語，讓壽星備受尊榮。你也可以將這份禮物，送給四月生日的壽星，如此用心的禮物，對方會記得你的心意。

四月壽星是有責任感也勇於接受挑戰的人。這款生日香水承載「佛手柑香調」萬事難不倒它的才能，混合「橙花」細柔的花香和「大西洋雪松香調」的森林氣味，牽引出輕鬆、圓滑的氛圍。它不僅是對壽星的祝福，更是一種對他們特質的擁護，讓他們在生日當天感受到被祝福的滿足。

3. 日常香水：清理負面的情緒（適合紓解內心煩惱、讓思緒清明時使用）

四月的世界地球日，給每位地球人，為「家」盡一份心力的機會。當有意識地從外在環境做環保的同時，也像是為自己進行內在「垃圾」的清理。這款精油香水是「清理負面的情緒」，期許經由這馨香之氣，仿若帶大家徜

徉在大自然中，內心負面情緒一掃而空，不只頭腦愈加清楚，做起事來重擔都變得輕省許多。

　　我們都期盼不被負面情緒影響，能夠保有正面積極的心。這款日常香水就像是一位情緒清道夫，為你疲憊的身心靈進行更新。它借助「大西洋雪松香調」微高昂的木香，再附加「綠薄荷香調」和「橙花」的潔淨感，宛如進行一場森林浴，你的內在外在都被洗淨。這款香水不僅是一種氣味，更是一種日常儀式感，讓你湧現出自然、純淨的自己。

香水設計概念

「橙花」是四月的代表香氣，在調配三種主題精油香水時都會使用到它。它的香氣揮發度是位於中調，這代表在香水配方表中，還需要前調和後調的原料。佛手柑、綠薄荷、大西洋雪松、東印度檀香是我選出與橙花搭配的四種原料。

原料依香氣揮發度分類

- 前調：佛手柑、綠薄荷
- 後調：大西洋雪松、東印度檀香

如何使用這四種原料

為了使精油香水的氣味更細緻，我會先將上列四種精油，以相同香氣揮發度去分類，兩兩一組創作出四種香調（各香調中，兩種精油的建議比例，請參考後面單元介紹）。四種香調如下：

- 前調香調NO.7：佛手柑香調（佛手柑＋綠薄荷）
- 前調香調NO.8：綠薄荷香調（綠薄荷＋佛手柑）
- 後調香調NO.7：大西洋雪松香調（大西洋雪松＋東印度檀香）
- 後調香調NO.8：東印度檀香香調（東印度檀香＋大西洋雪松）

四種原料的安排方式

我在原料的選擇上，會安排一種原料氣味較柔和（佛手柑100％、東印度檀香100％）、另一種則是比較強烈（綠薄荷10％、大西洋雪松100％），我發現這樣的組合在創作香調時，氣味比較好掌控。

接下來，四種香調會與稀釋的橙花進行香氣測試，找出最適合的配搭組合（三種主題精油香水使用到的香調，請參考後面單元介紹）。

🌸 五種原料小檔案

編號	精油名稱	英文名稱	拉丁學名
16	橙花	Neroli	*Citrus aurantium*
17	佛手柑	Bergamot	*Citrus × bergamia*
18	綠薄荷	Spearmint	*Mentha spicata*
19	大西洋雪松	Atlas Cedarwood	*Cedrus atlantica*
20	東印度檀香	Sandalwood	*Santalum album*

橙花

英文	Neroli	拉丁學名	*Citrus aurantium*
萃取方式	蒸餾	萃取部分	花朵
科別	芸香科	主要化學成分	檸檬烯（Limonene）、α&β-松油萜（α&β-Pinenes）
香氣家族	花香	香氣調性	中調

　　橙花有兩種萃取方式，以溶劑萃取自花朵的橙花原精，包含較多的乙酸沉香酯和沉香醇，氣味表現上會偏向花香甜感，更能將橙花的芬芳顯現出來。

　　蒸餾萃取自花朵的橙花精油，擁有較高的檸檬烯、α&β-松油萜，柑橘的氛圍較重，微帶綠意感，甚至有極小的苦味。橙花精油中不容忽視的香氣分子還有乙酸橙花酯（Neryl acetate），雖然所占比例不高，但它是賦予橙花精油水果香氣的關鍵。

　　臺灣市場以橙花精油居多，為了解決不易取得橙花原精，以及橙花精油花味輕薄的問題，在挑選原料時，我通常會特地找尋某些清淡氣味的精油與它配對。但在配製「節慶香水NO.4：世界地球日」時，我逆向操作，勇於嘗試選取綠薄荷，沒想到出來的結果深得我心，不錯聞喔！

佛手柑

英文	Bergamot	拉丁學名	*Citrus × bergamia*
萃取方式	冷溫壓榨	萃取部分	果皮
科別	芸香科	主要化學成分	乙酸沉香酯（Linalyl acetate）、沉香醇（Linalool）、檸檬烯（Limonene）
香氣家族	柑橘	香氣調性	前調

　　不論是精油香水、商業香水，你是否常見到佛手柑出現在香水配方中？！為什麼它是香水界的「大紅人」，依據我個人的經驗，跟它蘊含的化學分子很有關。

　　冷溫壓榨萃取自果皮的佛手柑精油，有三個主要香氣分子。第一個是檸檬烯，也是最常存在於柑橘精油中（右旋檸檬烯為主），使得佛手柑輕易與「自家人」共處。再來是乙酸沉香酯，主要存在橙花、白玉蘭、大花茉莉，真正薰衣草、快樂鼠尾草、甜馬鬱蘭等精油中。最後一項則是沉香醇，它更是常見的香氣分子，在超多精油中，都不難發現它的「蹤影」，例如：小花茉莉原精、桂花原精，花梨木、墨西哥沉香、芫荽籽、真正薰衣草等（後面兩種香氣分子的氣味已有介紹過，你可以重溫前面單元）。

　　這裡要提的是「氣味連結」的觀點，在配方中，若原料間具有相同香氣分子時，氣味的銜接度會格外順暢，達成漂亮的「氣味圓」的機會更大。我在構想香調和香水時，時時會將「氣味連結」的概念置入，產出的氣味的確都極其順「鼻」，而這也是我選佛手柑為四種原料之一，來與四月代表香氣——橙花精油做搭配的原因。

綠薄荷

英文	Spearmint	拉丁學名	*Mentha spicata*
萃取方式	蒸餾	萃取部分	全株藥草
科別	唇形科	主要化學成分	香芹酮（Carvone）、檸檬烯（Limonene）
香氣家族	薄荷	香氣調性	前調

　　蒸餾萃取自全株藥草的綠薄荷精油，只具有少量的薄荷酮（Menthone），主要香氣分子是以香芹酮和檸檬烯為主，這也是為什麼綠薄荷精油，它的清涼感會比胡椒薄荷精油少，微甜味更為討喜，清新的薄荷香，滿有口香糖、牙膏的氛圍。

　　綠薄荷又稱留蘭香，忍不住讓人想到口香糖，市場上有幾個大品牌，例如：青箭、Extra或Airwaves，你我都不陌生。要如何將薄荷應用在精油香水中，又不要像口香糖一樣太過清涼，或偏向芳香療法的療效氣味，我必須說，這是一大挑戰。

　　為了接受這難題，綠薄荷是我所選四種原料之一，來與四月代表香氣——橙花精油做搭配。「日常香水NO.4：清理負面情緒」有採用「綠薄荷香調」，綠薄荷的氣味如一道清流，令香水湧現一股乾淨的氣息，表現優秀，配得一大讚賞！

大西洋雪松

英文	Atlas Cedarwood	拉丁學名	*Cedrus atlantica*
萃取方式	蒸餾	萃取部分	木質/針葉
科別	松科	主要化學成分	雪松烯（Cedrene）、大西洋酮（Atlantone）
香氣家族	木香	香氣調性	後調

　　市面上有以蒸餾萃取自木質或針葉的兩種大西洋雪松精油，本書規劃的是萃取自木質的大西洋雪松，它帶有微酸的木質香氣，我個人覺得尾韻有些許乾燥感。

　　在多年教學中，我會請學生嗅聞精油，試著說出氣味或聯想到什麼產品等，以這樣的方式進行「頭腦與鼻子」的連結訓練，學生經常會說出令人驚喜的答案。對於大西洋雪松精油，有一個令我大開「鼻」界的回答，她說：「這是她家貓砂中貓尿的味道」，這是我從未聽過的形容，讓我立刻拿起聞香紙細細品嗅一番，竟然真有那麼一點像。另一個回答是：「杏仁奶」，這個形容好像比貓砂尿味好多了。假若你對大西洋雪松精油也有這樣的氣味感受，你會怎麼將帶有「貓砂尿味」或「杏仁奶香」的大西洋雪松，調成精油香水呢？

　　我提供幾項建議，一是與強烈的花香原料搭配，例如大花、小花茉莉原精，或選一樣具有奶香味的原料「做伙」（台語），例如晚香玉原精、蘇合香等。再或著，直接朝向「動物風味」發展，嘗試與黑醋栗原精或黃葵做配對。看到這，有沒有讓你「鼻」癢癢，等不及來「遊玩」看看！

東印度檀香

英文	Sandalwood	拉丁學名	*Santalum album*
萃取方式	蒸餾	萃取部分	木質
科別	檀香科	主要化學成分	α&β-檀香醇 （α&β-Santalol）
香氣家族	木香	香氣調性	後調

　　蒸餾萃取自木質的東印度檀香精油，擁有高比例的檀香醇，若樹齡超過二十年以上，它所含的檀香醇會以β-檀香醇居多，散發較沉穩且濃厚的迷人木頭香。這木頭味道可以與任何花香家族的成員們做好朋友。我將東印度檀香選入四種原料之一，來與四月代表香氣——橙花做搭配，也是以這為出發點。

　　回想多年調香的經驗，若要以一句話來形容東印度檀香，我會說它是個「慢熟」的人，做起事來又有點「慢郎中」。如果你想做一款「木質調」香水，又是以東印度檀香為主香氣時，不只要注意配方表中，前調位置的精油品項（揮發度較快的原料是歸在配方表中前調的位置），不能挑到氣味太強烈的精油外，你還需要有心理準備，「長久戰」是不可避免的，需要花比平常多的時間觀察整瓶香水氣味的變化。

　　藉此，我也領悟出一個道理，你要比東印度檀香還慢，還有耐性！安靜的等候它的氣味探出頭來，才能進行下一步。常耐不住性子的我「手癢」發作，就會在當下一直狂加檀香，三至五天後，它的氣味有時會變得無比大，我只能再重做一次。

製作四種香調

前調香調NO.7：佛手柑香調

- 香調配方：佛手柑100％＋綠薄荷10％
- 主香氣：佛手柑
- 建議比例：3：1
- 轉換成滴數：15滴和5滴（總滴數20滴，在10ml滴管瓶中）
- 香調濃度：約10％

　　兩種原料的安排：香調中只用10％濃度和微量滴數的綠薄荷，才不足以干擾佛手柑的味道。這樣的構想，沒想到反倒幫了佛手柑，形成一股少有的香調氣味。

前調香調NO.8：綠薄荷香調

- 香調配方：綠薄荷10％＋佛手柑100％
- 主香氣：綠薄荷
- 建議比例：1：1
- 轉換成滴數：10滴和10滴（總滴數20滴，在10ml滴管瓶中）
- 香調濃度：約10％

　　兩種原料的安排：香調中綠薄荷和佛手柑以相同的滴數共處於配方中，但因不想讓整款香調味道太過於薄荷味、清涼感，所以特意挑選10％濃度的綠薄荷。兩種原料似乎處得挺不錯的，氣味的尾韻漸入一種巧妙的甜感。

後調香調NO.7：大西洋雪松香調

- 香調配方：大西洋雪松100％＋東印度檀香100％
- 主香氣：大西洋雪松
- 建議比例：2：3
- 轉換成滴數：8滴和12滴（總滴數20滴，在10ml滴管瓶中）
- 香調濃度：10％

　　兩種原料的安排：香調中不是主香氣的東印度檀香，它的滴數比大西洋雪松還高，但大西洋雪松的木質味仍勝過東印度檀香。會做此安排的原因，是期許東印度檀香成熟的木香，能轉換大西洋雪松微酸的木味。

後調香調NO.8：東印度檀香香調

- 香調配方：東印度檀香100％＋大西洋雪松100％
- 主香氣：東印度檀香
- 建議比例：4：1
- 轉換成滴數：16滴和4滴（總滴數20滴，在10ml滴管瓶中）
- 香調濃度：10％

　　兩種原料的安排：香調中為了想加快東印度檀香氣味散開的速度，故挑選氣味微高昂的大西洋雪松與它共創一款香調。檀香本尊——東印度檀香與大西洋雪松在香氣中相遇，在氣味中劃下接近完善的木香香味，挺好的！

🌸 節慶香水NO.4：世界地球日

橙花的香味有種潔白的氛圍，微少的薄荷味陪襯了橙花，讓這份潔白感更加純粹。「東印度檀香香調」平緩香水氣味的變化速度，也加強香水的留香度。

香水配方表：香水氣味主題——花香調（橙花）

香調	原料名稱	a 起始滴數	b 增加滴數	c 滴數總合 a＋b	d 乘10倍 c*10	e 細修	f 總滴數 d＋e	g 放大2倍
前調	佛手柑香調÷10％	1		1	10	＋1	11	22
中調	橙花10％	2	＋1	3	30	＋3	33	66
後調	東印度檀香香調10％	1		1	10		10	20
	香水濃度÷10％（淡香水EDT）						54滴＋108滴 ＝162滴 （約4.1ml）	

🍇 祝福小語

我必使他們與我山的四圍成為福源，我也必叫時雨落下，必有福如甘霖而降。

（以西結書34：26）

🌸 生日香水NO.4：四月壽星專屬禮物

「佛手柑香調」的柑橘香中略帶涼涼的薄荷味，橙花的花香已默默的融化在柑橘氣味裡。「大西洋雪松香調」微酸的木頭味，使得「佛手柑香調」的果皮味別具風格。

香水配方表：香水氣味主題──柑橘調（佛手柑香調）

		a	b	c	d	e	f	g
香調	原料名稱	起始滴數	增加滴數	滴數總合 a+b	乘10倍 c*10	細修	總滴數 d+e	放大2倍
前調	佛手柑香調÷10%	2	+2	4	40		40	80
前調	佛手柑 10%					+2	2	4
中調	橙花 10%	1		1	10		10	20
後調	大西洋雪松香調10%	1		1	10		10	20
	香水濃度÷10%（淡香水EDT）						62滴＋124滴＝186滴（約4.7ml）	

🫐 祝福小語

你用油膏了我的頭，使我的福杯滿溢。

（詩篇23：5）

日常香水NO.4：清理負面的情緒

「大西洋雪松香調」與橙花聯手出擊，再次營造出經典中的味道，清香好聞。細微的「綠薄荷香調」的涼感，如一道清流滑過，一掃香氣中的雜質，香水味道湧現乾淨的氣息。

香水配方表：香水氣味主題——木質調（大西洋雪松香調）

香調	原料名稱	a 起始滴數	b 增加滴數	c 滴數總合 a＋b	d 乘10倍 c*10	e 細修	f 總滴數 d＋e	g 放大2倍
前調	綠薄荷香調÷10%	1		1	10		10	20
中調	橙花10%	1		1	10		10	20
後調	大西洋雪松香調10%	1	＋1	2	20		20	40
後調	大西洋雪松10%					＋1	1	2
	香水濃度÷10%（淡香水EDT）						41滴＋82 ＝123滴 （約3.1ml）	

祝福小語

求你為我造清潔的心，使我裡面重新有正直的靈。

（詩篇51：10）

Natural Ingredients

5 月 May

Damask Rose Absolute
香氣代表：大馬士革玫瑰原精

市場上不難尋覓到有玫瑰成分的保養品，你是否跟我一樣，看到玫瑰二字就覺得用了它之後，肌膚會顯得Q彈，如花瓣般柔嫩！

玫瑰的確是護膚的聖品，人們也開始將它與女人和美麗劃上等號。而愛美是女人的天性，即使是當了媽媽的女性們也繼續維持美好的狀態，因而，我特地將大馬士革玫瑰原精選作五月分的代表香氣。

玫瑰也是女人最愛的花卉之一，大馬士革玫瑰是諸多玫瑰品種中的上品。以溶劑萃取方式取得的玫瑰原精氣味馥郁，在嗅聞時，經嗅覺神經到達大腦後，不只可以舒緩身心，心中也彷彿被滿滿的愛包圍著。當一個人內心有飽滿愛時，自然容易去包容、理解對方，進一步與對方真誠交流。玫瑰成為愛的代名詞，想想真有道理！

🌸 三種主題精油香水的香氣氛圍

1. 節慶香水：母親節

每年五月的第二個星期日是母親節，這是向母親表達愛意的節日，先生、孩子們通常會贈送禮物、卡片或是鮮花給媽媽。我也將「母親節節慶香水」，獻給天下所有的母親們，願媽媽們沉浸在愛滿盈的香氣中，人也跟著變得更美麗！

「媽媽，謝謝您！」這款節慶香水就像一場向母親「告白」的約會，透過「大馬士革玫瑰原精」芳香馥郁的花香，還有「摩洛哥藍艾菊香調」和「香草香調」的加入，似乎不再害羞地說出對媽媽的感謝。這不僅僅是一款香水，更像是一場充滿感謝和愛意的告白。

2. 生日香水：五月壽星

第二種精油香水是特別為五月壽星準備的禮物，除了專屬的香水配方，還有祝福小語，讓壽星備受尊榮。你也可以將這份禮物，送給五月生日的壽星，如此用心的禮物，對方會記得你的心意。

五月壽星是頭腦靈活也熱於與人分享的人。這款生日香水包含「香草香調」甜點般的甜感，調合「血橙香調」甜而不膩的柑橘香和「大馬士革玫瑰原精」極品的花味，刻劃出圓滿的氛圍。它不僅是對壽星的祝福，更是一種對他們個性的讚同，讓他們在生日當天感受到被愛護的幸福感。

3. 日常香水：擁有愛的力量（適合拉近父母與孩子間的親子關係）

五月除了對母親表示情意，也提供兒女一個好時機，練習表現對家人的愛。愛，可以再更多一點點，愛，永不嫌多，大家也常說有了愛，一切都會是「彩色的」。因此，我籌劃了一款日常香水，取名為「擁有愛的力量」，期望藉著這馨香之氣，你可以有力量把愛說出來、表現出來，只要多一點點愛和關懷，就能縮短親子間的距離感。

我們都想被家人關愛，也想擁有愛家人的能力。這款日常香水就像是一位愛的導師，引導我們以愛為名，從包容出發。它借由「血橙香調」一絲絲略帶淺藍色的溫度，再添加「大馬士革玫瑰原精」和「零陵香豆香調」備感溫馨的甜度，讓看似冷凍許久的親子關係開始融化。這款香水不僅是一種氣味，更是一種生活的必備品，是使親子關係日益轉好的良藥。

香水設計概念

「大馬士革玫瑰原精」是五月的代表香氣，在調配三種主題精油香水時都會使用到它。它的香氣揮發度是位於中調，這代表在香水配方表中，還需要前調和後調的原料。血橙、摩洛哥藍艾菊、零陵香豆原精、香草萃取液是我選出與大馬士革玫瑰原精搭配的四種原料。

原料依香氣揮發度分類
- 前調：血橙、摩洛哥藍艾菊
- 後調：零陵香豆原精、香草萃取液

如何使用這四種原料

為了使精油香水的氣味更細緻，我會先將上列四種精油，以相同香氣揮發度去分類，兩兩一組創作出四種香調（各香調中，兩種精油的建議比例，請參考後面單元介紹）。四種香調如下：

- 前調香調NO.9：血橙香調（血橙＋摩洛哥藍艾菊）
- 前調香調NO.10：摩洛哥藍艾菊香調（摩洛哥藍艾菊＋血橙）
- 後調香調NO.9：零陵香豆香調（零陵香豆原精＋香草萃取液）
- 後調香調NO.10：香草香調（香草萃取液＋零陵香豆原精）

四種原料的安排方式

我在原料的選擇上，會安排一種原料氣味較柔和（血橙100％、香草萃取液100％）、另一種則是比較強烈（摩洛哥藍艾菊1％、零陵香豆原精30％），我發現這樣的組合在創作香調時，氣味比較好掌控。

接下來，四種香調會與稀釋的大馬士革玫瑰原精，進行香氣測試，找出最適合的配搭組合（三種主題精油香水使用到的香調，請參考後面單元介紹）。

🌸 五種原料小檔案

編號	精油名稱	英文名稱	拉丁學名
21	大馬士革玫瑰原精	Damask Rose Absolute	*Rosa damascena*
22	血橙	Blood Orange	*Citrus sinensis*
23	摩洛哥藍艾菊	Blue Tansy	*Tanacetum annuum*
24	零陵香豆原精	Tonka Beans Absolute	*Dipteryx odorata*
25	香草萃取液	Vanilla Extract	*Vanilla planifolia*

大馬士革玫瑰原精

英文	Damask Rose Absolute	拉丁學名	*Rosa damascena*
萃取方式	溶劑	萃取部分	花朵
科別	薔薇科	主要化學成分	苯乙醇（Phenethyl alcohol）、香茅醇（Citronellol）、牻牛兒醇（Geraniol）
香氣家族	花香	香氣調性	中調

　　玫瑰品種中的上品——大馬士革玫瑰，有兩種萃取的方式。以溶劑萃取自花朵的馬士革玫瑰原精，擁有較高比例的苯乙醇（簡稱PEA），它是使大馬士革玫瑰原精具有甜美玫瑰花香味的重要香氣分子。

　　以回流蒸餾（Cohobation）萃取自玫瑰花朵的精油，叫做奧圖玫瑰（Otto Rose），它擁有較高比例的香茅醇（Citronellol）、牻牛兒醇（Geraniol），而苯乙醇的含量會比大馬士革玫瑰原精少。奧圖玫瑰的氣味是偏向微酸感，略帶玫瑰葉的味道，多一絲年輕感。我做過一個小調查，奧圖玫瑰精油的價位大約是大馬士革玫瑰原精的2至2.5倍。調香中，倘若考慮玫瑰氣味的強弱和價位，我會選擇大馬士革玫瑰原精，更有成本效益。

　　大辣辣綻放花蕊的大馬士革玫瑰，詮釋出全心全意、無條件付出的愛。我也給自己一個挑戰，將這份「愛」細心「包裝」起來，以不同香水氣味主題呈現給你們。記得要看下去哦！

血橙

英文	Blood Orange	拉丁學名	*Citrus sinensis*
萃取方式	冷溫壓榨	萃取部分	果皮
科別	芸香科	主要化學成分	檸檬烯（Limonene）
香氣家族	柑橘	香氣調性	前調

　　你們是否還記得，我在《精油香水新手實作課》書中提到的「橙家大軍」？成員有：甜橙、血橙、苦橙、綠苦橙和苦橙葉。一起來回憶一下它們的氣味，甜味以大到小排列為：甜橙→血橙→苦橙，綠苦橙和苦橙葉則不考慮，苦味以大到小排列則為：苦橙葉→綠苦橙→苦橙→血橙，甜橙則不列入。由以上這些資訊來看，血橙可以定位為偏甜、不會苦的原料，親和度位居高分。

　　當初在選與五月代表香氣——大馬士革玫瑰原精，做搭擋的原料時，一想到紅色果肉的血橙，就覺得它與大馬士革玫瑰的顏色很速配，一個紅一個粉，一搭一唱，不論是做香水氣味的主角或是配角，都能呼應到五月分主題香水。因此，選擇血橙作為四種原料之一，來與五月代表香氣——大馬士革玫瑰原精做搭配。

　　你是否感受到，原來在選原料時，不單單只從氣味著手，有時也會將植物花型、顏色、生長情況等做為參考的資訊。

摩洛哥藍艾菊

英文	Blue Tansy	拉丁學名	*Tanacetum annuum*
萃取方式	蒸餾	萃取部分	花朵
科別	菊科	主要化學成分	母菊天藍烴（Chamazulene）
香氣家族	果香	香氣調性	前調

以蒸餾萃取自花朵的摩洛哥藍艾菊精油，蘊含特殊的芳香分子：母菊天藍烴，它是在萃取過程中，由植物內的母菊素（matricin）經過化學反應，轉化而成的，讓摩洛哥藍艾菊精油的顏色呈現稀有的深藍色。深藍色的精油還有德國洋甘菊、西洋蓍草等，它們的氣味超強烈，常令人聯想到藥膏，在芳香療法上有顯著的療效，但因氣味比較不討喜，所以我很少將它們用於調製香水。

為了打破自己在選原料上的舊有模式，我決定突破心防，勇敢揀選摩洛哥藍艾菊精油成為四種原料之一，來與五月代表香氣——大馬士革玫瑰原精做搭配。準備進行一場「玩色大戰」，看看最後香水會是淺藍色、淺綠色，還是超出我所想像的。

摩洛哥藍艾菊是眾多藍色精油中，當稀釋到很低濃度時（1%左右），會散發甜美水果味道的精油品項（曾有學生說它帶有水蜜桃的味道），因此，我將它列為果香香氣家族。

零陵香豆原精

英文	Tonka Beans Absolute	拉丁學名	*Dipteryx odorata*
萃取方式	溶劑	萃取部分	種子
科別	豆科	主要化學成分	香豆素（Coumarin）
香氣家族	香脂（細分：甜味）	香氣調性	後調

　　零陵香豆外型如豆子，顏色又是黑色，有人稱它為黑香豆。以溶劑萃取自種子的零陵香豆原精，有著高比例的香豆素，在商業香水配方中，常會見到這個香氣分子（現在多為人工合成的），可為香水加添甜甜、粉粉的芳香氣息。

　　第一次嘗試零陵香豆原精時，我覺得它帶有杏仁味，再用鼻子細細「品嘗」，氣味會飄出相似做糕點的香草莢的甜味，是我很喜愛的原料之一。曾有學生分享到，它的氣味很像「牛奶糖、杏仁粉」，最特別的是帶有「芒果味」和「甜藥酒味」。零陵香豆原精的確是調配「美食調香水氣味主題」的「必備原料」之一。它也成為所選的四種原料之一，來與五月代表香氣──大馬士革玫瑰原精做搭配。

　　我購買的零陵香豆原精濃度是30％，廠商已稀釋在有機酒精中。我個人覺得甜味適中，可以輕鬆自在的與任何原料搭配。

香草萃取液

英文	Vanilla Extract	拉丁學名	*Vanilla planifolia*
萃取方式	酊劑	萃取部分	豆莢
科別	香莢蘭科	主要化學成分	香草素（Vanillin）
香氣家族	香脂（細分：甜味）	香氣調性	後調

香草萃取液是將香草豆莢放入酒精裡，浸泡到酒精與香草豆莢的味道完全融合後的產物，主要的化學分子以香草素為主，在安息香原精、秘魯香脂精油中都蘊藏少量的香草素。若干學生聞完這三種原料後，常會出現「甜味、糖果、感冒糖漿或冰淇淋」這四種答案。

日漸貴重的香草豆莢，它的風味能夠為各式甜品，例如蛋糕、冰淇淋和布丁等增添豐富且甜蜜的層次，是擄獲了全球糕點主廚的重要香料。而在調香中，香草萃取液也是架構「美食調香水氣味主題」的「必備原料」之一。

你還記得「等同黃金」一樣珍貴的原料是什麼嗎？答案是，聖經中記載耶穌誕生時，東方博士獻上極有價值的乳香和沒藥。在香水界，居然出現「黑金」這個名詞，黑金如同黑卡的概念，知名調香師用「黑金」來形容香草莢，頓時香草莢榮登比冠軍更高的寶座！

因著剛剛所提及的資料，我選擇香草萃取液作為四種原料之一，來與五月代表香氣——大馬士革玫瑰原精做搭配。

🌸 製作四種香調

前調香調NO.9：血橙香調
- 香調配方：血橙100％＋摩洛哥藍艾菊1％
- 主香氣：血橙
- 建議比例：3：1
- 轉換成滴數：15滴和5滴（總滴數20滴，在10ml滴管瓶中）
- 香調濃度：約10％

　　兩種原料的安排：香調中只用1％濃度的摩洛哥藍艾菊，是不想它影響到血橙的柑橘味。看似微量的摩洛哥藍艾菊，仍聞得到它的味道，也為血橙味道灌入一點「淺藍色的溫度」。

前調香調NO.10：摩洛哥藍艾菊香調
- 香調配方：摩洛哥藍艾菊1％＋血橙100％
- 主香氣：摩洛哥藍艾菊
- 建議比例：1：1
- 轉換成滴數：10滴和10滴（總滴數20滴，在10ml滴管瓶中）
- 香調濃度：約10％

　　兩種原料的安排：香調中用的是超低濃度的摩洛哥藍艾菊精油，這樣才能將藥草味降到最弱。100％的血橙，能將摩洛哥藍艾菊甜美的果香味「提」出來。

後調香調NO.9：零陵香豆香調

- 香調配方：零陵香豆原精30％＋香草萃取液100％
- 主香氣：零陵香豆原精
- 建議比例：4：1
- 轉換成滴數：16滴和4滴（總滴數20滴，在10ml滴管瓶中）
- 香調濃度：約10％

　　兩種原料的安排：香調中設計的是30％濃度的零陵香豆原精，配搭100％香草萃取液，如此做能減少一些大家說的「杏仁味」。這是一款受歡迎，以及想咬一口的味道。

後調香調NO.10：香草香調

- 香調配方：香草萃取液100％＋零陵香豆原精30％
- 主香氣：香草萃取液
- 建議比例：3：2
- 轉換成滴數：12滴和8滴（總滴數20滴，在10ml滴管瓶中）
- 香調濃度：約10％

　　兩種原料的安排：香調中香草萃取液的濃度和滴數，都比零陵香豆原精大，形成一種香草甜味帶頭向前衝，而杏仁味、粉甜感跟隨在後的香氣景象。

🌸 節慶香水NO.5：母親節

　　大馬士革玫瑰原精的花味濃郁，在「摩洛哥藍艾菊香調」輕輕點綴下，整瓶香水花味更加馨香馥郁，尾韻也有愈來愈香甜的走向。

香水配方表：香水氣味主題──花香調（大馬士革玫瑰原精）

香調	原料名稱	a 起始滴數	b 增加滴數	c 滴數總合 a＋b	d 乘10倍 c*10	e 細修	f 總滴數 d＋e	g 放大2倍
前調	摩洛哥藍艾菊香調÷10%	1		1	10	＋1	11	22
中調	大馬士革玫瑰原精10%	1	＋1	2	20	＋2	22	44
後調	香草香調÷10%	1		1	10		10	20
	香水濃度÷10%（淡香水EDT）						43滴＋86滴 ＝129滴 （約3.2ml）	

🍇 祝福小語

　　她的兒女起來稱她有福；她的丈夫也稱讚她。

（箴言31：28）

🌸 生日香水NO.5：五月壽星專屬禮物

「香草香調」的甜味引領香水進入高級感，玫瑰香和柑橘味已與甜美的味道融為一體。這不只是一款滿足嗅覺，也滿足想吃甜點慾望的香水。

香水配方表：香水氣味主題——美食調（香草香調）

香調	原料名稱	a 起始滴數	b 增加滴數	c 滴數總合 a＋b	d 乘10倍 c*10	e 細修	f 總滴數 d＋e	g 放大2倍
前調	血橙香調÷10%	1		1	10		10	20
中調	大馬士革玫瑰原精5%	1		1	10		10	20
後調	香草香調÷10%	2	＋1	3	30		30	60
	零陵香豆原精3%					＋1	1	2
	香水濃度÷8.87%（淡香水EDT）						51滴＋102滴 ＝153滴 （約3.8ml）	

🫐 **祝福小語**

將你心所願的賜給你，成就你的一切籌算。

（詩篇20：4）

🌸 日常香水NO.5：擁有愛的力量

「血橙香調」的柑橘味表現分外光鮮，微弱的玫瑰花香，不多不少剛剛好，不會搶了柑橘的光彩，稍稍注入「零陵香豆香調」的甜感，讓香水味道絕妙的無限延伸。

香水配方表：香水氣味主題——柑橘調（血橙香調）

香調	原料名稱	a 起始滴數	b 增加滴數	c 滴數總合 a＋b	d 乘10倍 c*10	e 細修	f 總滴數 d＋e	g 放大2倍
前調	血橙香調÷10%	1	＋1	2	20		20	40
	血橙10%					＋3	3	6
中調	大馬士革玫瑰原精5%	1		1	10		10	20
後調	零陵香豆香調÷10%	1		1	10		10	20
	香水濃度÷8.82%（淡香水EDT）						43滴＋86滴 ＝129滴 （約3.2ml）	

🫐 祝福小語

愛是凡事包容，凡事相信，凡事盼望，凡事忍耐。愛是永不止息。

（哥林多前書13：7-8）

Natural Ingredients

6 月 June

Jasmine India Absolute
香氣代表：大花茉莉原精

在多年的教學中，我發現學生們對茉莉原精的評價，除了好香、好聞，我更常聽到以「成熟感、大姐姐、穩重度、有內涵」等來形容大花茉莉原精的氣味。這些答案是不是讓你也覺得，像極了輕熟大人的味道？

六月是畢業求職潮，即將成為職場新鮮人的畢業生們，如何能在眾人中脫穎而出，大花茉莉原精的「輕熟味」，剛剛好可以派上用場。因此，我將大花茉莉原精選作六月的代表香氣。

六月也是農夫們興奮的節氣，稱為「芒種」，此時的稻子已結實成「種」，穀粒上會長出細芒，其他農作物也逐漸熟成可以進行採收。這個收成的季節就好比六月的畢業季，學生們即將進入職場大展宏圖，也或者是你的職場技能更加熟練，能力逐漸強化，預備轉換跑道的時候到了。大花茉莉原精的香味帶有「成熟、穩重、有內涵」，將為你大大加分！

🌸 三種主題精油香水的香氣氛圍

1. 節慶香水：畢業季

每年六月是畢業季，莘莘學子們長大成熟，即將從學校畢業踏入職場。回想當年，自己那時候對未來是既期待又害怕受傷害。這款非凡的「畢業季節慶香水」，願職場新鮮人在香氣中，許自己一個全新的夢想，以穩定的步伐朝著人生新的里程碑邁進！

驪歌響起，莘莘學子們的畢業季到來了，大家準備好各奔前程。這款節慶香水就像一場畢業舞會，藉由「大花茉莉原精」輕熟、有內涵的花香，還有「桔葉香調」和「胡蘿蔔籽香調」的投入，有如把畢業生對新生活的期許表露出來。這不僅僅是一款香水，更像是一段嶄新人生道路的出發。

2. 生日香水：六月壽星

第二種精油香水是特別為六月壽星準備的禮物，除了專屬的香水配方，還有祝福小語，讓壽星備受尊榮。你也可以將這份禮物，送給六月生日的壽星，如此用心的禮物，對方會記得你的心意。

六月壽星是勤奮且擅長事前規劃的人。這款生日香水蘊含「紅桔香調」多汁、飽滿的柑橘果味，配搭「大花茉莉原精」成熟的花朵香和「胡蘿蔔籽香調」微妙的土地味，滿載豐收的氛圍。它不僅是對壽星的祝福，更是一種對他們認真看待生活的鼓勵，讓他們在生日當天歡呼生命如此美好。

3. 日常香水：擴展職場的機會（適合轉換跑道、開始新的合作關係時使用）

六月的來臨，也代表著一整年已經過了一半，大家還記得新年計畫嗎？第三種精油香水是「擴展職場的機會」，在這馨香之氣中，祝福大家在工作上，不論是要轉職、想轉換工作跑道或開始創業等，已離夢想更近一步，每一天都懷抱著盼望。

我們都渴望更好的職涯發展，能夠發揮所長。這款日常香水就像是一位伯樂，引領你看見自己的特點，讓你有足夠的信心跨出去。它使用「澳洲檀香香調」卓越的木頭香，再加入「桔葉香調」和「大花茉莉」微強烈的花帶葉味，像極了一個機會就在前方，屬於你發光的日子已到來。這款香水不僅是一種氣味，更是一種走出舒適圈，活出不一樣人生的初始。

🌸 香水設計概念

「大花茉莉原精」是六月的代表香氣，在調配三種主題精油香水時，都會使用到它。它的香氣揮發度是位於中調，這代表在香水配方表中，還需要前調和後調的原料。紅桔、桔葉、胡蘿蔔籽、澳洲檀香是我選出與大花茉莉玫瑰原精搭配的四種原料。

原料依香氣揮發度分類

- ◆ 前調：紅桔、桔葉
- ◆ 後調：胡蘿蔔籽、澳洲檀香

如何使用這四種原料

為了使精油香水的氣味更細緻，我會先將上列四種精油，以相同香氣揮發度去分類，兩兩一組創作出四種香調（各香調中，兩種精油的建議比例，請參考後面單元介紹）。四種香調如下：

- ◆ 前調香調NO.11：紅桔香調（紅桔＋桔葉）
- ◆ 前調香調NO.12：桔葉香調（桔葉＋紅桔）
- ◆ 後調香調NO.11：胡蘿蔔籽香調（胡蘿蔔籽＋澳洲檀香）
- ◆ 後調香調NO.12：澳洲檀香香調（澳洲檀香＋胡蘿蔔籽）

四種原料的安排方式

我在原料的選擇上，會安排一種原料氣味較柔和（紅桔100%、澳洲檀香100%）、另一種則是比較強烈（桔葉10%、胡蘿蔔籽10%），我發現這樣的組合在創作香調時，氣味比較好掌控。

接下來，四種香調會與稀釋的大花茉莉原精進行香氣測試，找出最適合的配搭組合（三種主題精油香水使用到的香調，請參考後面單元介紹）。

🌸 五種原料小檔案

編號	精油名稱	英文名稱	拉丁學名
26	大花茉莉原精	Jasmine India Absolute	*Jasminum grandiflorum*
27	紅桔	Red Mandarin	*Citrus reticulata*
28	桔葉	Petitgrain Mandarin	*Citrus reticulata Blanco var. Balady*
29	胡蘿蔔籽	Carrot Seed	*Daucus carota*
30	澳洲檀香	Australian Sandalwood	*Santalum spicatum*

大花茉莉原精

英文	Jasmine India Absolute	拉丁學名	*Jasminum grandiflorum*
萃取方式	溶劑	萃取部分	花朵
科別	木樨科	主要化學成分	苯甲酸苄酯（Benzyl benzoate）、乙酸苄酯（Benzyl acetate）、吲哚（Indole）
香氣家族	花香	香氣調性	中調

　　以溶劑萃取自花朵的大花茉莉原精，香氣分子極為複雜，含量大到小排列主要有：苯甲酸苄酯、乙酸苄酯、吲哚、素馨酮（Cis-Jasmone）等。苯甲酸苄酯已介紹過，它在大花茉莉原精中占滿高比例，或許是這原因，大多數學生會說大花茉莉是一位「成熟的女人」，粉艷感較重。另外三個香氣分子，在兩種茉莉原精中都可以找到，只是所占的比例不同。

　　乙酸苄酯帶有馥郁的茉莉花香，是最常代表茉莉氣味的香氣分子。而素馨酮是賦予茉莉原精，清新茶香味的關鍵，小花茉莉中的含量比大花茉莉微高。很多學生會覺得大花茉莉的茶香是「熟茶」，而小花茉莉則是「青茶」。最後是吲哚，這個有機化合物也存在於人類的糞便中，因此它被稱為「植物的糞便素」。在對茉莉原精的評價中，常會聽到「香到臭」這個形容，發生在介紹大花茉莉原精時的機率多些。

　　「成熟女人、熟茶味、香到臭」的大花茉莉原精，該以什麼姿態跳脫大眾對它既有香氣觀感，如何以全新風貌，在你我鼻尖閃閃發光，你一定不能錯過六月分的三種主題香水。

紅桔

英文	Red Mandarin	拉丁學名	*Citrus reticulata*
萃取方式	冷溫壓榨	萃取部分	果皮
科別	芸香科	主要化學成分	檸檬烯（Limonene）
香氣家族	柑橘	香氣調性	前調

　　紅桔精油是以冷溫壓榨，萃取自成熟桔的果皮，它的氣味與綠桔精油相近。紅桔精油中附含非常微量的鄰氨基苯甲酸甲酯（Methyl anthranilate），這香氣分子的味道特徵是水果味、花香、苦感。因它在紅桔精油中所占比例不高，我在嗅聞時，還不致於感到苦味。此香氣分子也以很小量，存在於黃玉蘭原精、晚香玉原精、大小花茉莉原精等原料中。

　　我常會這樣發想，既然那些花中也含有與紅桔一樣的香氣分子，是不是紅桔就可以輕易駕馭起花朵類的「君主、女王、公主們」呢？想法是需要行動的，於是我會立即拿出原料盒，在小空瓶或水彩盤中測試，這是操練自己的方法之一，這也是為什麼我會有超級多「簡單版香水」和「氣味豐富的香水」配方的原因（配方仍持續擴張中）。

　　即便紅桔精油中只有那麼微量的鄰氨基苯甲酸甲酯，仍有學生說它有一股花香，還有人覺得是「蜂蜜花味」，這太甜美了，我忍不住將紅桔設計為所選四種原料之一，來與六月代表香氣——大花茉莉原精做搭配。

桔葉

英文	Petitgrain Mandarin	拉丁學名	*Citrus reticulata Blanco var. Balady*
萃取方式	蒸餾	萃取部分	葉子
科別	芸香科	主要化學成分	鄰氨基苯甲酸甲酯（Methyl anthranilate）、檸檬烯（Limonene）
香氣家族	柑橘	香氣調性	前調

　　以蒸餾萃取自葉片的桔葉精油，鄰氨基苯甲酸甲酯的含量爆高，在紅桔精油小檔案中，已介紹過此香氣分子。

　　第一次認識桔葉精油的氣味，是在準備專業班教案時，我形容它的味道是「紅桔＋苦橙葉」的綜合體，當見到它的英文名字「Petitgrain Mandarin」，的確是兩種精油的結合，大家是不是也有這樣的感受？！

　　兩個來自學生的形容，曾引起全班共鳴，一個是「無糖綠豆湯」，另一個是「人參片」。我心中想的是，一個是健康的下午點心，另一個是好補的感覺，似乎讓人願意靠近桔葉一小步了。那時的桔葉精油已是稀釋到1％的濃度，沒想到還是有苦感和藥味，這也提醒我，在配製香調或香水時，桔葉精油的滴數下手要再輕一點。

　　苦感不弱的桔葉，除了稀釋後再用外，我也思索著怎麼樣能充分利用它別具一格的風味，「生」出驚豔鼻子的味道？於是，桔葉是我所選四種原料之一，來與六月代表香氣——大花茉莉原精做搭配（當然，我會先架構出一款有個性的「桔葉香調」，請參考後面單元）。

胡蘿蔔籽

英文	Carrot Seed	拉丁學名	*Daucus carota*
萃取方式	蒸餾	萃取部分	種子
科別	繖形科	主要化學成分	胡蘿蔔醇（Daucol）
香氣家族	鄉野	香氣調性	後調

　　以蒸餾萃取自野生胡蘿蔔種子的胡蘿蔔籽精油，氣味就像我們吃的胡蘿蔔。在純油的狀態，滴上一點在聞香紙上，它的味道似乎不太討人喜悅，但當我將它稀釋到10％，甚至是1％的濃度，就能清楚嗅出胡蘿蔔籽精油的美感之處，輕味版的鄉野大地味、淡淡泥土風。

　　如果以一個用品、產品來形容胡蘿蔔籽精油的香氣，我會說它相像化妝品中的「口紅味」，學生們則是給出「無糖波蜜果菜汁」的答案（他們的形容總是讓我驚喜連連）。如是「口紅味」，它能與濃豔的花香原料們搭配合宜嗎？而「無糖波蜜果菜汁」能不能與「菜味、葉子味或是茶香味」的原料配對呢？這都是我在挑選搭配的原料時，會問自己的問題。

　　我再次大膽接納胡蘿蔔籽精油的味道，將它列做四種原料之一，來與六月代表香氣——大花茉莉原精做搭配。

澳洲檀香

英文	Australian Sandalwood	拉丁學名	*Santalum spicatum*
萃取方式	蒸餾	萃取部分	木質
科別	檀香科	主要化學成分	α&β-檀香醇（α&β-Santalol）
香氣家族	木香	香氣調性	後調

以蒸餾萃取自木質的澳洲檀香精油，主要的化學成分是檀香醇，因樹齡較年輕，檀香醇中的α-檀香醇的含量會比β-檀香醇高，氣味表現上比東印度檀香輕盈，較為年輕化，宗教氛圍少很多。

東印度檀香已受到印度政府限制開採，雖然澳洲檀香的氣味沒有東印度「老」檀香來的成熟、內斂，但它仍是代替東印度檀香的首選品項，也是花香香氣家族成員們的好夥伴。

會掛上「老」字，是因為東印度檀香的樹齡平均會超過20年以上，比澳洲檀香「資深」。而為什麼檀香們會是花朵原料們的好夥伴，這是我從印度「Attar萃取法」延伸來的調香技法。

這萃取法的核心概念，是善用檀香誘人的木香，去勾勒出更多珍貴花兒原料們的花味，好似讓花朵們持續開花，綻放更多美艷的味道。看來澳洲檀香的優點不少，興起我對它的喜愛，它成為四種原料之一，來與六月代表香氣——大花茉莉原精做搭配。

製作四種香調

前調香調NO.11：紅桔香調
- 香調配方：紅桔100％＋桔葉10％
- 主香氣：紅桔
- 建議比例：3：1
- 轉換成滴數：15滴和5滴（總滴數20滴，在10ml滴管瓶中）
- 香調濃度：約10％

　　兩種原料的安排：香調中只用10％濃度的桔葉，這樣才不致於太苦，也不會壓住紅桔的柑橘味。桔葉的苦葉子味，最後造就出紅桔香調的亮點。

前調香調NO.12：桔葉香調
- 香調配方：桔葉10％＋紅桔100％
- 主香氣：桔葉
- 建議比例：1：1
- 轉換成滴數：10滴和10滴（總滴數20滴，在10ml滴管瓶中）
- 香調濃度：約10％

　　兩種原料的安排：香調中桔葉和紅桔的滴數是一樣的，不同的是，我保留100％的紅桔，搭配10％濃度的桔葉，目的是借助紅桔強大的柑橘味，修飾掉些許桔葉的苦感，最後氣味是柑橘香和苦感葉味參半，苦感的後面會有微弱的花香。

後調香調NO.11：胡蘿蔔籽香調

- 香調配方：胡蘿蔔籽10％＋澳洲檀香100％
- 主香氣：胡蘿蔔籽
- 建議比例：1：3
- 轉換成滴數：5滴和15滴（總滴數20滴，在10ml滴管瓶中）
- 香調濃度：約10％

　　兩種原料的安排：香調中設計胡蘿蔔籽與澳洲檀香共為一組，這是由護膚保養品發想而來的想法。因胡蘿蔔籽的土壤、蔬菜味過重，只用了10％的濃度，澳洲檀香討喜的木質香味，柔化了胡蘿蔔籽的「大地感」，化為一款味道厚實的香調。

後調香調NO.12：澳洲檀香香調

- 香調配方：澳洲檀香100％＋胡蘿蔔籽10％
- 主香氣：澳洲檀香
- 建議比例：4：1
- 轉換成滴數：16滴和4滴（總滴數20滴，在10ml滴管瓶中）
- 香調濃度：約10％

　　兩種原料的安排：香調中只用10％濃度的胡蘿蔔籽，目的是想為澳洲檀香的木質香味多注入一縷大地、泥土感，最後產出的味道出眾，木質香氣成熟好聞。

節慶香水NO.6：畢業季

大花茉莉原精的茉莉花香與「桔葉香調」相見歡，意外的產出成熟的茶葉香，接著茉莉花味持續綻放，一種大氣且精彩的味道。

香水配方表：香水氣味主題——花香調（大花茉莉原精）

香調	原料名稱	a 起始滴數	b 增加滴數	c 滴數總合 a+b	d 乘10倍 c*10	e 細修	f 總滴數 d+e	g 放大2倍
前調	桔葉香調 ÷10%	1		1	10		10	20
中調	大花茉莉原精 5%	1	+2	3	30	+2	32	64
後調	胡蘿蔔籽香調 ÷10%	1		1	10		10	20
	香水濃度÷6.91%（淡香水EDT）						52滴＋104滴 =156滴 （約3.9ml）	

祝福小語

你必將生命的道路指示我，在你面前有滿足的喜樂，在你右手中有永遠的福樂。

（詩篇16：11）

🌸 生日香水NO.6：六月壽星專屬禮物

「紅桔香調」的柑橘味多汁飽滿，再加上花香、果味、木頭香氣，以及細微泥土感的加乘作用，味道構成五穀豐登的景致。

香水配方表：香水氣味主題——柑橘調（紅桔香調）

香調	原料名稱	a 起始滴數	b 增加滴數	c 滴數總合 a＋b	d 乘10倍 c*10	e 細修	f 總滴數 d＋e	g 放大2倍
前調	紅桔香調÷10%	2		2	20		20	40
	紅桔10%					+2	2	4
中調	大花茉莉原精1%	1		1	10		10	20
後調	胡蘿蔔籽香調÷10%	1	+1	2	20		20	40
	香水濃度÷8.25%（淡香水EDT）						52滴＋104滴 ＝156滴 （約3.9ml）	

🫐 祝福小語

流淚撒種的，必歡呼收割。

（詩篇126：5）

日常香水NO.6：擴展職場的機會

「澳洲檀香香調」的木頭味不會太老成，若有若無的胡蘿蔔味為木頭香氣加深大地的氣息。淡淡的茉莉花香，它像是金黃色的稻穗，自在的飛舞在檀木味中，極其的優美。

香水配方表：香水氣味主題——木質調（澳洲檀香香調）

香調	原料名稱	a 起始滴數	b 增加滴數	c 滴數總合 a＋b	d 乘10倍 c*10	e 細修	f 總滴數 d＋e	g 放大2倍
前調	桔葉香調÷10%	1		1	10		10	20
中調	大花茉莉原精1%	1		1	10		10	20
後調	澳洲檀香香調÷10%	2	＋1	3	30		30	60
	澳洲檀香10%					＋3	3	6
	香水濃度÷8.28%（淡香水EDT）						53滴＋106滴 ＝159滴 （約4ml）	

祝福小語

你們要過去得為業的那地，乃是有山有谷，雨水滋潤之地。

（申命記11：11）

Natural Ingredients

7 月 July

Osmanthus Absolute

香氣代表：桂花原精

桂花這植物是極其羞澀，躲在樹葉間，不容易被人看見，人們經常與它擦肩而過。當桂花開花時，隨著微風輕拂，淡雅、清甜的花香，飄散在空氣中，讓經過它的人，開始注意到它的存在，因而回頭尋覓它。不過，桂花花型小不容易被尋見，所以當找到桂花時的喜悅，每每都是難以隱藏，有的人還因此愛上桂花！

這段與桂花「香」遇的過程，猶如一段戀情的發展。聖經中有一句話：「不要驚動愛情，等他自己情願」，這種等他自己情願的愛，是等待對方真正的打從心裡面來愛，這樣「高級」的愛，讓我在植物的世界，如此內向的桂花身上看見了，不由得對桂花心生喜愛，它絕對是七月中國情人節，首選的代表香氣。

一個人所展現的吸引力，不都來自多光鮮亮麗的外在，由內而外的美才是最真實的美。以溶劑萃取自花瓣的桂花原精，果香、花香、木香集合於一身，這樣的「姿態」，只有真正喜愛的人才懂得欣賞。

🌸 三種主題精油香水的香氣氛圍

1. 節慶香水：七夕情人節

「七夕」是每年七月浪漫的日子，也是中國傳統的節日之一，這天也被現代華人視為東方的情人節。無論是東方還是西方的情人節，在這天情人們會互相表達愛意，可能是挑選小禮物送給最親愛的人，或是精心布置一場燭光晚餐，沉醉在二人世界裡。這款「七夕情人節節慶香水」，願天下有情人終成眷屬。

你聽到了嗎？傳報好消息的喜鵲，為情人們互訴愛意，雙雙陶醉在甜蜜蜜的愛情裡。這款節慶香水就像一場情人浪漫的相會，滿溢「桂花原精」獨到的花味和珍藏的木香，還有「鷹爪豆香調」和「黃葵香調」的傾倒，如同將情人捧在手心中，細心呵護著。這不僅僅是一款香水，更像是愛人勇敢說出「我愛你」三個字，令對方動容的時分。

2. 生日香水：七月壽星

第二種精油香水是特別為七月壽星準備的禮物，除了專屬的香水配方，還有祝福小語，讓壽星備受尊榮。你也可以將這份禮物，送給七月生日的壽星，如此用心的禮物，對方會記得你的心意。

七月壽星是個穩重、做事也很有效率的人。這款生日香水充滿「維吉尼亞雪松香調」樹林木味，夾帶「鷹爪豆香調」甜甜的蜜香和「桂花原精」多層次的花果木香，交織出無限延伸的熱鬧氛圍。它不僅是對壽星的祝福，更是一種對他們氣質的稱讚，讓他們在生日當天感受到被欣賞眼光圍繞的優越感。

3. 日常香水：展現獨有的姿態（適合約會時使用）

七月的七夕雖是情人的日子，但單身的人仍可以慶祝單身快樂。第三種精油香水是「展現獨有的姿態」，希望在這馨香之氣中，讓單身的人放下

節慶帶來的壓力，以獨有的姿態，展現出高度的吸引力，耐心等待那位對的人的出現。

我們都渴慕抓住眾人的目光，在別人心中留下好的印象。這款日常香水就像是一盞鎂光燈，在燈光照耀下的你，盡情展現扣人心弦的吸引力。它特選「黃檸檬香調」閃耀的柑橘果皮香，再增添「桂花原精」和「黃葵香調」高度的粉香木味，不由得讓人對你目不轉睛。這款香水不僅是一種氣味，更是一場社交聚會，你不只是現場的王子／公主，你更會遇見心中的白馬王子／白雪公主，為聚會畫下完美的句點。

🌸 香水設計概念

「桂花原精」是七月的代表香氣，在調配三種主題精油香水時，都會使用到它。它的香氣揮發度是位於中調，這代表在香水配方表中，還需要前調和後調的原料。黃檸檬、鷹爪豆原精、維吉尼亞雪松、黃葵是我選出與桂花原精搭配的四種原料。

原料依香氣揮發度分類
- 前調：黃檸檬、鷹爪豆原精
- 後調：維吉尼亞雪松、黃葵

如何使用這四種原料

為了使精油香水的氣味更細緻，我會先將上列四種精油，以相同香氣揮發度去分類，兩兩一組創作出四種香調（各香調中，兩種精油的建議比例，請參考後面單元介紹）。四種香調如下：

- 前調香調NO.13：黃檸檬香調（黃檸檬＋鷹爪豆原精）
- 前調香調NO.14：鷹爪豆香調（鷹爪豆原精＋黃檸檬）
- 後調香調NO.13：維吉尼亞雪松香調（維吉尼亞雪松＋黃葵）
- 後調香調NO.14：黃葵香調（黃葵＋維吉尼亞雪松）

四種原料的安排方式

我在原料的選擇上，會安排一種原料氣味較柔和（鷹爪豆原精9％、維吉尼亞雪松100％）、另一種則是比較強烈（黃檸檬100％、黃葵10％），我發現這樣的組合在創作香調時，氣味比較好掌控。

接下來，四種香調會與稀釋的桂花原精，進行香氣測試，找出最適合的配搭組合（三種主題精油香水使用到的香調，請參考後面單元介紹）。

🌸 五種原料小檔案

編號	精油名稱	英文名稱	拉丁學名
31	桂花原精	Osmanthus Absolute	*Osmanthus fragrans*
32	黃檸檬	Yellow Lemon	*Citrus × limon*
33	鷹爪豆原精	Broom Absolute	*Spartium junceum*
34	維吉尼亞雪松	Virginia Cedar	*Juniperus virginiana*
35	黃葵	Ambrette Seed	*Hibiscus abelmoschus / Abelmoschus moschatus*

桂花原精

英文	Osmanthus Absolute	拉丁學名	*Osmanthus fragrans*
萃取方式	溶劑	萃取部分	花朵
科別	木樨科	主要化學成分	α&β紫羅蘭酮（α&β-Ionones）、沉香醇（Linalool）
香氣家族	花香	香氣調性	中調

　　以溶劑萃取自花朵的桂花原精，主要的化學成分是紫羅蘭酮，以α和β來看，桂花原精中β-紫羅蘭酮比例居多，引領著它的木味稍許大於花香。

　　我對桂花原精氣味的形容是「三味一體」：木味、果味、花味，最近我再細分出「愉悅的」和「不愉悅的」。前面提到的是「愉悅的三味」，而「不愉悅的三味」則是「酸味、中藥味、發酵味」。這些分析，已是我將桂花原精稀釋到1％濃度，嗅聞後的結果。可以想像的到，如在純油下嗅聞，「不愉悅的三味」可能會更明顯。

　　在我教學的系統課程裡，有個氣味訓練單元，我觀察到學生們的鼻子一個比一個厲害，「龍眼乾、烏梅、蠟筆、皮件」等回答，都是他們對桂花原精的氣味形容，為我的「氣味資料庫」多添好多筆寶貴的資訊。

黃檸檬

英文	Yellow Lemon	拉丁學名	*Citrus × limon*
萃取方式	冷溫壓榨	萃取部分	果皮
科別	芸香科	主要化學成分	檸檬烯（Limonene）
香氣家族	柑橘	香氣調性	前調

　　黃檸檬精油是以冷溫壓榨，萃取自成熟檸檬的果皮，它的氣味近似綠檸檬精油。我個人覺得黃檸檬精油的香氣強大，酸感明顯，也具有飽和的明亮度，在創作香調時加上一點，可以點亮香調的亮感。

　　檸檬的氣味通常出現在生活周遭什麼產品中？常聽見的答案是：「地板、玻璃清潔劑」，若以氣味來看，檸檬味的確給人明亮、乾淨的感覺。而飲品中也常加添檸檬味道，廠商會強調清爽，解渴，不甜膩。剛提到的資訊，其實都是檸檬味道的強項，在調香時也會是很棒的參考方針。

　　黃檸檬精油是我在「香」前行專案，前進企業、政府、學校等的調香講座中，必準備的一支原料，很大的原因是，大家對它的熟悉度高，香氣活潑又有舞動的氛圍，很少人討厭它。黃檸檬精油的氣味好處多多，於是我將它選為四種原料之一，來與七月代表香氣——桂花原精做搭配。

鷹爪豆原精

英文	Broom Absolute	拉丁學名	*Spartium junceum*
萃取方式	溶劑	萃取部分	花朵
科別	豆科	主要化學成分	脂肪族酸（Aliphatic acid）、沉香醇（Linalool）、苯乙醇（Phenylethyl alcohol）
香氣家族	果香	香氣調性	前調

　　以溶劑萃取自花朵的鷹爪豆原精，它的主要的香氣分子，值得一提的有沉香醇和苯乙醇。苯乙醇在大馬士革玫瑰原精小檔案單元已介紹過，有著類似玫瑰花香的氣味，我在嗅聞鷹爪豆原精時，的確聞到一絲花味。而沉香醇，它相似花梨木味道，不只是我，很多學生在聞到鷹爪豆原精的花味後，接踵而來的是甜美的木香，我們都有種想把它與花梨木精油共組成一款「簡單版香水」的衝動。

　　另一個香氣分子——金合歡稀，它雖然以非常少量存在於鷹爪豆原精中，單聞此香氣分子時，它有著水果味和輕微綠葉的花香。我個人覺得，它是串連起整個鷹爪豆原精氣味的核心。整理多年來學生們對鷹爪豆原精氣味的形容：「發酵的水果味、酒味、蜂蜜味、微弱花香」等，促使我將鷹爪豆原精選作四種原料之一，來與七月代表香氣——桂花原精做搭配。

　　曾有學生也說到，桂花原精有近似發酵的味道。你可能在想著，兩種有發酵氣味的原料能否放在一起？我的解釋是，氣味的世界如此的奇妙，負負會得正，有時會反常維持在負，出來的結果總叫人猜不透。如此看來，我們都需要再多一些實驗精神，大膽嘗試！

維吉尼亞雪松

英文	Virginia Cedar	拉丁學名	*Juniperus virginiana*
萃取方式	蒸餾	萃取部分	木屑
科別	柏科	主要化學成分	雪松烯（Cedrene）、雪松醇（Cedrol）
香氣家族	木香	香氣調性	後調

　　以蒸餾萃取自木屑的維吉尼亞雪松精油，氣味讓人聯想到鉛筆，它又稱為鉛筆柏。我個人覺得維吉尼亞雪松精油的木頭味很「正點」，它比東印度檀香的木香年輕，木味更大眾化。調香中隨時來上一兩滴，不太擔心會搶走主角的味道，反倒為香水的味道加上少許的親和度。

　　在教學中，我會帶學生進行精油氣味聯想，他們針對維吉尼雪松精油給出令人垂涎三尺的答案：「核桃派」。我腦中立馬想著，加點肉桂或許是個大賣的「肉桂核桃派」或「肉桂核桃捲」（我深切覺得調香可以跟甜點業合作）。寫到這，我忍不住跟大家分享一款「簡單版香水」配方的內容：「甜橙＋錫蘭肉桂＋維吉尼亞雪松」，如想再與眾不同些，加一絲絲桂花原精再完美不過，最後取個名字叫做：「肉桂核桃桂花蜜捲」，有沒有讓你食指大動了。

　　上述美味甜食的發想，激勵我挑選維吉尼亞雪松作為四種原料之一，來與七月代表香氣——桂花原精做搭配。

黃葵

英文	Ambrette Seed	拉丁學名	*Hibiscus abelmoschus / Abelmoschus moschatus*
萃取方式	蒸餾	萃取部分	種子
科別	錦葵科	主要化學成分	黃葵內酯（Ambrettolide）、乙酸金合歡酯（Farnesyl acetate）、金合歡醇（Farnesol）
香氣家族	動物性	香氣調性	後調

　　以蒸餾萃取自種子的黃葵精油，蘊含輕柔花香的乙酸金合歡酯，有些人覺得它像淡雅玫瑰花的香味，同時具有甜美水果的氣息。另一個香氣分子——金合歡醇，香脂果豆木精油小檔案單元中已介紹過它，本身有香甜味帶花感。

　　當我了解黃葵精油包含上述兩種香氣分子時，為我解答多年來對黃葵原料的疑惑，為什麼它跟任何原料總是很好搭，特別是與花朵類原料「聯手」！

　　黃葵精油中的黃葵內酯，是使黃葵精油有著近似動物麝香味的重要香氣分子。沒聞過麝香的朋友們，不用擔心，我以來自英國的品牌美體小舖（Body Shop），一款白麝香淡香水為例，大概是那種氣味走向。

　　（白麝香淡香水是一款香水成品，裡面還有其他種原料，不能完全代表麝香氣分子的味道，這邊只是提供一個氣味想像的方向。）

　　藉著以上這些氣味特色，讓我將黃葵選為四種原料之一，來與七月代表香氣——桂花原精做搭配。

製作四種香調

前調香調NO.13：黃檸檬香調

- 香調配方：黃檸檬100％＋鷹爪豆原精9％
- 主香氣：黃檸檬
- 建議比例：3：2
- 轉換成滴數：12滴和8滴（總滴數20滴，在10ml滴管瓶中）
- 香調濃度：約10％

　　兩種原料的安排：香調中採用100％的黃檸檬，搭配9％濃度的鷹爪豆原精，是希望香調氣味仍以柑橘為主香氣，而微微帶著鷹爪豆原精的酒香、蜂蜜味，最後香調的氣味很美妙。

前調香調NO.14：鷹爪豆香調

- 香調配方：鷹爪豆原精9％＋黃檸檬100％
- 主香氣：鷹爪豆原精
- 建議比例：3：1
- 轉換成滴數：15滴和5滴（總滴數20滴，在10ml滴管瓶中）
- 香調濃度：約10％

　　兩種原料的安排：香調中規劃9％濃度的鷹爪豆原精，除了考量到成本，也期望發酵味適中呈現就好。黃檸檬的酸味有助解發酵味，最終輕輕提高了香調的明亮度。

後調香調NO.13：維吉尼亞雪松香調

- 香調配方：維吉尼亞雪松100％＋黃葵10％
- 主香氣：維吉尼亞雪松
- 建議比例：2：3
- 轉換成滴數：8滴和12滴（總滴數20滴，在10ml滴管瓶中）
- 香調濃度：約10％

　　兩種原料的安排：香調中低濃度的黃葵，不只幫助維吉尼亞雪松的木味朝向高級香水的粉感，也引領這款香調，更輕鬆、自在的與花朵原料做夥伴。

後調香調NO.14：黃葵香調

- 香調配方：黃葵10％＋維吉尼亞雪松100％
- 主香氣：黃葵
- 建議比例：3：1
- 轉換成滴數：15滴和5滴（總滴數20滴，在10ml滴管瓶中）
- 香調濃度：約10％

　　兩種原料的安排：配方中設計低濃度的黃葵與100％的維吉尼亞雪松，共組一款香調，原因是黃葵的個性也很「慢熟」，當黃葵與維吉尼雪松「相處」後，它會慢慢的「控制全場」。10％濃度的黃葵，讓我比較好掌握味道走向（製作這款香調時，需要拉長觀察氣味變化的時間喔）。

節慶香水NO.7：七夕情人節

桂花原精的花味中微帶木頭香氣，緩緩而來的是類似麝香的粉味，這粉味不時飄送出柔柔的「鷹爪豆香調」的味道，略有酒香氣。

香水配方表：香水氣味主題——花香調（桂花原精）

香調	原料名稱	a 起始 滴數	b 增加 滴數	c 滴數 總合 a＋b	d 乘10倍 c*10	e 細修	f 總滴數 d＋e	g 放大 2倍
前調	鷹爪豆香調 ÷10%	1		1	10	＋2	12	24
中調	桂花原精 0.8%	1		1	10		10	20
後調	黃葵香調 ÷10%	1	＋1	2	20	＋1	21	42
	香水濃度÷7.85%（淡香水EDT）							43滴＋86滴 ＝129滴 （約3.2ml）

＊「鷹爪豆香調」和「黃葵香調」的濃度已遠低於10%，香水的真實濃度會更低於7.85%。

祝福小語

我妹子，我新婦，你的愛情比酒更美，你膏油的香氣勝過一切香品。

（雅歌4：10）

🌸 生日香水NO.7：七月壽星專屬禮物

「維吉尼亞雪松香調」的木味，與桂花原精的木味超相配，細聞中，很像走進高山，周圍有小木屋和大樹林圍繞著。

香水配方表：香水氣味主題——木質調（維吉尼亞雪松香調）

香調	原料名稱	a 起始滴數	b 增加滴數	c 滴數總合 a＋b	d 乘10倍 c*10	e 細修	f 總滴數 d＋e	g 放大2倍
前調	鷹爪豆香調 ÷10%	1		1	10		10	20
中調	桂花原精 0.8%	1		1	10		10	20
後調	維吉尼亞雪松香調 ÷10%	1	＋1	2	20	＋2	22	44
		香水濃度÷7.8%（淡香水EDT）					42滴＋84滴 ＝126滴 （約3.2ml）	

＊「鷹爪豆香調」的濃度已遠低於10%，香水的真實濃度會更低於7.8%。

🫐 祝福小語

要擴張你帳幕之地，張大你居所的幔子，不要限制。

（以賽亞書54：2）

🌸 日常香水NO.7：展現獨有的姿態

「黃檸檬香調」的酸味閃閃動人，味道中伴隨許許的果皮香，桂花原精的花香像是為香味增益獨特性，整款香水散逸出高度的吸引力。

香水配方表：香水氣味主題——柑橘調（黃檸檬香調）

香調	原料名稱	a 起始滴數	b 增加滴數	c 滴數總合 a＋b	d 乘10倍 c*10	e 細修	f 總滴數 d＋e	g 放大2倍
前調	黃檸檬香調÷10%	1	2	3	30	＋2	32	64
中調	桂花原精 0.8%	1		1	10		10	20
後調	黃葵香調÷10%	1		1	10		10	20
	香水濃度÷8.22%（淡香水EDT）						52滴＋104滴＝156滴（約3.9ml）	

祝福小語

他為愛他的人所預備的，是眼睛未曾看見，耳朵未曾聽見，人心也未曾想到的。

（哥林多前書2：9）

Natural Ingredients

8月 August

Violet Leaf Absolute

香氣代表：紫羅蘭葉原精

紫羅蘭因著花型矮小，容易讓人忽略它。但以溶劑萃取自葉片的紫羅蘭葉原精，氣味則是相當的獨特、稀有、珍奇，更是眾多熱銷香水品項背後的大功臣，它還是一「家」之主呢（綠香香氣家族的主要代表原料）！

紫羅蘭葉原精被調香師賦予尊貴的身分，也為它帶上光榮的冠冕，凡要締造「綠香香水氣味主題」時，添加一點它的氣息在配方中，香水的味道將華美無比。紫羅蘭葉原精與父親同為一家之主，當作八月父親節的代表香氣，再合適不過。

紫羅蘭的花型，讓我想起聖經中的一段話：「不要看他的外貌和他身材高大，我不揀選他。因為耶和華不像人看人，人是看外貌，耶和華是看內心」。把這句話用在植物上也很貼切，紫羅蘭的好壞、美醜，或這株植物長的是高大還是矮小都不是重點，重要的是它的內涵。而原精正是這植物的精華所在，它的香味如此的有自信，不畏懼展現給別人欣賞，像在告訴我們，自信感是從內長出來的，要先肯定自己，才能具有真正的自信。

🌸 三種主題精油香水的香氣氛圍

1. 節慶香水：父親節

　　每年八月八日是父親節，臺灣的父親節是取諧音「八八」和「爸爸」。這是個感謝父親辛勞的節日。我也將「父親節節慶香水」，獻給天下所有的父親們，願爸爸們沉浸在尊貴的香味中，而人也跟著變得更受人尊敬。

　　你感受到了嗎？有一種愛是無聲的，但又是最堅固的。這款節慶香水就像一段與父親說說話的寶貴時間，借著「紫羅蘭原精」稀少的綠香和罕見的樹根味，還有「白松香香調」和「阿拉伯乳香香調」的伴隨，宛若兒女表達出對父親的敬重。這不僅僅是一款香水，更像是一場「感謝父親的宴會」，為父親戴上尊貴的冠冕，這是父親最光彩的時刻。

2. 生日香水：八月壽星

　　第二種精油香水是特別為八月壽星準備的禮物，除了專屬的香水配方，還有祝福小語，讓壽星備受尊榮。你也可以將這份禮物，送給八月生日的壽星，如此用心的禮物，對方會記得你的心意。

　　八月壽星是個開朗也熱心助人的人。這款生日香水涵蓋「花梨木香調」山林中的木香，連結「苦橙葉香調」回甘的葉片味和「紫羅蘭葉原精」輕泥土帶綠草香，激盪出豐沛有餘的氛圍。它不僅是對壽星的祝福，更是一種對他們品格的稱道，讓他們在生日當天感受到被肯定的成就感。

3. 日常香水：培養個人的自信（適合面試、工作時使用）

　　八月除了父親節，我也精心調製了一款日常香水，它叫「培養個人的自信」，在這馨香之氣中，祝福所有人，以嶄新的觀點來看自己，從內向外閃耀動人的自信感。

　　每個人都期望自己是個有自信的人，勇敢活出2.0版的人生。這款日常香水就像是一位人生教練，帶你接納自己的不完美，並認可自己的成就。

它包括「白松香香調」強而有力的生命氣息,再串聯「紫羅蘭葉原精」和「花梨木香調」札根的土味和木香,像是在加強自信心的肌肉力。這款香水不僅是一種氣味,更是催促你向前跨出一大步,有自信的朝著理想前進。

🌸 香水設計概念

「紫羅蘭葉原精」是八月的代表香氣，在調配三種主題精油香水時都會使用到它。它的香氣揮發度是位於中調，這代表在香水配方表中，還需要前調和後調的原料。苦橙葉、白松香、花梨木、阿拉伯乳香是我選出與紫羅蘭葉原精搭配的四種原料。

依香氣揮發度分類

- ◆ 前調：苦橙葉、白松香
- ◆ 後調：花梨木、阿拉伯乳香

如何使用這四種原料

為了使精油香水的氣味更細緻，我會先將上列四種精油以相同香氣揮發度去分類，兩兩一組創作出四種香調（各香調中，兩種精油的建議比例，請參考後面單元介紹）。四種香調如下：

- ◆ 前調香調NO.15：苦橙葉香調（苦橙葉＋白松香）
- ◆ 前調香調NO.16：白松香香調（白松香＋苦橙葉）
- ◆ 後調香調NO.15：花梨木香調（花梨木＋阿拉伯乳香）
- ◆ 後調香調NO.16：阿拉伯乳香香調（阿拉伯乳香＋花梨木）

四種原料的安排方式

我在原料的選擇上，會安排一種原料氣味較柔和（苦橙葉100％、花梨木100％）、另一種則是比較強烈（白松香10％、阿拉伯乳香100％），我發現這樣的組合在創作香調時，氣味比較好掌控。

接下來，四種香調會與稀釋的紫羅蘭葉原精進行香氣測試，找出最適合的配搭組合（三種主題精油香水使用到的香調，請參考後面單元介紹）。

五種原料小檔案

編號	精油名稱	英文名稱	拉丁學名
36	紫羅蘭葉原精	Violet Leaf Absolute	*Viola odorata*
37	苦橙葉	Petitgrain	*Citrus aurantium bigarade*
38	白松香	Galbanum	*Ferula galbaniflua*
39	花梨木	Rosewood	*Aniba rosaeodora*
40	阿拉伯乳香	Frankincense	*Boswellia carterii*

紫羅蘭葉原精

英文	Violet Leaf Absolute	拉丁學名	*Viola odorata*
萃取方式	溶劑	萃取部分	葉片
科別	堇菜科	主要化學成分	紫羅蘭葉醛（Violet leaf aldehyde）、α&β紫羅蘭酮（α&β-Ionones）
香氣家族	綠香	香氣調性	中調

　　以溶劑萃取自葉片的紫羅蘭葉原精，顏色是深綠色，是繼摩洛哥藍艾菊精油後，又一支寶貴具有「漂亮顏色」的原料。紫羅蘭葉原精中附有高比例的紫羅蘭葉醛，它的味道可以用新鮮小黃瓜味來形容它。

　　學生們對氣味精彩的形容中，曾出現「菜味、冰箱味、紫菜湯、草味」等回答。還有二個聯想更讓我印象深刻，分別是：「昆蟲味、雪裡紅」。當我聽到昆蟲味的答案時，我在想她該不會是指甲蟲吧，果然沒錯，我和這位學生竟然想到同一種昆蟲，或許是紫羅蘭葉原精的氣味給人冰冷感又帶潮濕味吧！另外，我不得不承認，雪裡紅這個答案，震撼力超極強大，一說完，大家都肚子餓了，大家想到的是「雪裡紅炒肉末」料理。

　　除了紫羅蘭葉醛，α&β紫羅蘭酮同樣也影響紫羅蘭葉原精氣味的走向（α-紫羅蘭酮偏向果香味，β-紫羅蘭酮則偏向木味）。我個人是將紫羅蘭原精定位在木味、煙燻感、樹根味和宛如乾草的氣息，比較少聞到果香感。使用紫羅蘭葉原精時，建議要稀釋後再用，如此一來才能聞出它豐富的味道，調成香調或香水時，也較容易掌控它氣味的強弱。

苦橙葉

英文	Petitgrain	拉丁學名	*Citrus aurantium bigarade*
萃取方式	蒸餾	萃取部分	葉片
科別	芸香科	主要化學成分	乙酸沉香酯（Linalyl acetate）、沉香醇（Linalool）、α-萜品醇（α-Terpineol）
香氣家族	柑橘	香氣調性	前調

　　蒸餾萃取自葉片的苦橙葉精油，以偏苦感的葉片味為主，尾韻會回甘。常聽到學生們以「先苦後甘、苦中帶甜、苦盡甘來」等字句，來述說苦橙葉精油的味道。我將苦橙葉歸入柑橘香氣家族，不是綠香香氣家族，原因是它是苦橙樹的葉子，多數學生嗅聞後，仍會聯想到其他柑橘精油，例如：苦橙、綠苦橙，故做此調整。

　　雖然苦橙葉精油被歸入柑橘香氣家族中，但它卻是調配「綠意調香水氣味主題」的「必備原料」之一，這原因是它的葉片味，搭配其他的必備原料時（例如: 白松香、紫羅蘭葉、膠冷杉等），更能彰顯出綠意調香水氣味的美感。

　　苦橙葉精油中主要的兩種香氣分子，分別是乙酸沉香酯和沉香醇，我們已在前面單元介紹過了。這裡要提的是，它還含有少量的乙酸橙花酯（Neryl acetate），它是帶領橙花精油體現花香和水果味的重要香氣分子，或許是這樣，苦橙葉精油的中後味，會飄散出彷彿橙花的花果味但偏苦感。

　　依著以上種種的介紹，苦橙葉是我所選四種原料之一，來與八月代表香氣——紫羅蘭葉原精做搭配。

白松香

英文	Galbanum	拉丁學名	*Ferula galbaniflua*
萃取方式	蒸餾	萃取部分	樹脂
科別	繖形科	主要化學成分	α&β-松油萜（α&β-Pinenes）、含氮化合物
香氣家族	綠香	香氣調性	前調

　　以蒸餾萃取自樹脂的白松香精油，氣味極度強烈，如以音符的高中低程度來分，它是屬於高音調，也代表著它氣味揮發速度很快，因此將它放在香水配方表中「前調位置」。生長在高海拔，繖形科的白松香，我將它定位為創作「高處、天上、星星、生命力」情境的首選精油。聖經中有一句話：「因為我深信，無論是生、是死，是有能力的，是高天的、是深淵的，都不能叫我們與上帝的愛隔絕。」這裡用白松香來詮釋就很恰當。

　　配方中再加上個紫羅蘭葉原精，代表著水（深淵）的潮濕味，再來支阿拉伯乳香，更有「神性」的含義，Voilà（法文）一款祝福人的香水就完成了。眾多想用聖經中美好詩句，來構思香水的「香香友」，快來試試。

　　下列是來自學生們對白松香精油的氣味形容：「當歸味、苜蓿芽、綠豆芽菜」等，還有個令我微笑的答案：「王子麵」，不知道這位學生是不是嘴饞了。不過說真的，所有的答案都十分可貴，我全都記錄下來了。以上各種豐富的氣味形容，促使我將白松香選為四種原料之一，來與八月代表香氣──紫羅蘭葉原精做搭配。

花梨木

英文	Rosewood	拉丁學名	*Aniba rosaeodora*
萃取方式	蒸餾	萃取部分	木心
科別	樟科	主要化學成分	沉香醇（Linalool）
香氣家族	木香	香氣調性	後調

　　以蒸餾萃取自木心的花梨木精油，含有高比例的沉香醇，因花梨木已列為保育類的植物，遇到它缺貨時，除了可以用芳樟精油替代，墨西哥沉香精油也是一個好選項。

　　在教學中，曾出現一件有意思的事，我稱它是「互占地盤」。在介紹花梨木精油時，會有「香菜」的答案出現，而在介紹芫荽籽精油時，會跑出「好像花梨木」的聯想。「互占地盤」我個人覺得是鼻子和頭腦，彼此正在適應的過程，開始自動分類哪些原料的味道相似，甚至會思索誰與誰適合在一組。

　　細看這兩種精油所帶的主要化學分子，可以了解為什麼會出現「互占地盤」的情形。花梨木精油中所含的沉香醇香氣分子高達90％，而芫荽籽精油中沉香醇的含量，以些微的差距低於花梨木精油。雖然一個是左旋、另一個是右旋沉香醇，氣味上稍顯不同，但學生們的鼻子變敏銳了！

　　你想鍛鍊自己的鼻子，成為嗅覺高手嗎？跟著此書開始，一天專注在一種精油的氣味上，逐步建立起你的「氣味資料庫」，夢想就在不遠的前方。

　　花梨木是我所選四種原料之一，來與八月代表香氣──紫羅蘭葉原精做搭配。所有原料看似彼此間沒有什麼氣味關聯，但花香、木香味、葉片感、神性的交流，卻能締造出無與倫比的馨香之氣。

阿拉伯乳香

英文	Frankincense	拉丁學名	*Boswellia carterii*
萃取方式	蒸餾	萃取部分	樹脂
科別	橄欖科	主要化學成分	α-松油萜（α-Pinene）、檸檬烯（Limonene）
香氣家族	香脂	香氣調性	後調

　　蒸餾萃取自樹脂的阿拉伯乳香精油，以α-松油萜、檸檬烯的香氣分子居多。下面的氣味形容、聯想，跟兩種香氣分子有關。

　　我個人覺得阿拉伯乳香精油的氣味不好形容，先帶大家來看看，來自學生們關於木香味的形容：「沉香木味、森林味」等，再來是跟柑橘味有關的氣味形容：「金桔糖、果皮味」等。依據我個人經驗，如聞到木香味，多半是因為α-松油萜的關係，也由於阿拉伯乳香中有檸檬烯的存在，一些人會將它與柑橘果皮味做聯想。

　　另有三個氣味形容也引起我的興趣，分別是「油漆味、蜜餞」，最後一個是讓我也餓了的「甩餅」答案。在這麼多的氣味形容中，仍少一味，那一味不易被鼻子發覺，只有少數學生可以聞出，那就是微量胡椒感的辛香味，阿拉伯乳香精油氣宇不凡，富有層次的小關鍵點就在此。

　　由於以上種種因素，阿拉伯乳香成為我所選四種原料之一，來與八月代表香氣──紫羅蘭葉原精做搭配。

製作四種香調

前調香調NO.15：苦橙葉香調

- 香調配方：苦橙葉100％＋白松香10％
- 主香氣：苦橙葉
- 建議比例：3：2
- 轉換成滴數：12滴和8滴（總滴數20滴，在10ml滴管瓶中）
- 香調濃度：約10％

　　兩種原料的安排：香調中只用10％濃度的白松香，目的是想利用白松香「高音」感覺，稍微再抬高苦橙葉的「位置」，也以不搶走苦橙葉的回甘葉片味為主，出來的成果很有綠意風格。

前調香調NO.16：白松香香調

- 香調配方：白松香10％＋苦橙葉100％
- 主香氣：白松香
- 建議比例：3：1
- 轉換成滴數：15滴和5滴（總滴數20滴，在10ml滴管瓶中）
- 香調濃度：約10％

　　兩種原料的安排：香調中以10％濃度的白松香搭配100％的苦橙葉，想借助苦橙葉的苦感，降低白松香高昂的味道，營造出一種不會太高高在上的香氣。

後調香調NO.15：花梨木香調

- 香調配方：花梨木100%＋阿拉伯乳香100%
- 主香氣：花梨木
- 建議比例：3：1
- 轉換成滴數：15滴和5滴（總滴數20滴，在10ml滴管瓶中）
- 香調濃度：10%

　　兩種原料的安排：香調中強調花梨木的木香帶葉片味，而阿拉伯乳香的香脂、木頭感和相似柑橘的果皮味，為花梨木增添一番有趣的味道。

後調香調NO.16：阿拉伯乳香香調

- 香調配方：阿拉伯乳香100%＋花梨木100%
- 主香氣：阿拉伯乳香
- 建議比例：3：1
- 轉換成滴數：15滴和5滴（總滴數20滴，在10ml滴管瓶中）
- 香調濃度：10%

　　兩種原料的安排：香調中凸顯更多阿拉伯乳香有氣質感的味道，花梨木的存在是給予整款味道一些森林風味，使得這香調可以更容易與其他創作綠意調香水的原料組合。

🌸 節慶香水NO.8：父親節

　　紫羅蘭葉原精富厚的綠葉味，令聞到它的人很像身處於大青草原中，味道中段漸漸出現潮濕的土壤、葉子味，承接著自然界最真實的氣味。

香水配方表：香水氣味主題──綠意調（紫羅蘭葉原精）

香調	原料名稱	a 起始滴數	b 增加滴數	c 滴數總合 a＋b	d 乘10倍 c*10	e 細修	f 總滴數 d＋e	g 放大2倍
前調	白松香調÷10％	1		1	10		10	20
中調	紫羅蘭葉原精1.5％	1	＋1	2	20	＋3	23	46
後調	阿拉伯乳香香調10％	1		1	10		10	20
	香水濃度÷5.44％（淡香水EDT）						43滴＋86滴 ＝129滴 （約3.2ml）	

＊「白松香香調」的濃度已遠低於10％，香水的真實濃度會更低於5.44％。

🫐 祝福小語

子孫為老人的冠冕；父親是兒女的榮耀。

（箴言17：6）

🌸 生日香水NO.8：八月壽星專屬禮物

「花梨木香調」的木香伴隨著小小的辛辣感，巧妙的放大原本薄弱的葉片味，好似走進森林中被地上的小草、發芽的綠葉、高大的樹木們熱情的圍繞住。

香水配方表：香水氣味主題——木質調（花梨木香調）

香調	原料名稱	a 起始滴數	b 增加滴數	c 滴數總合 a+b	d 乘10倍 c*10	e 細修	f 總滴數 d+e	g 放大2倍
前調	苦橙葉香調 ≒10%	1		1	10		10	20
中調	紫羅蘭葉原精 0.75%	1		1	10		10	20
後調	花梨木香調 10%	1	+1	2	20		20	40
後調	花梨木 10%					+1	1	2
	香水濃度≒7.72%（淡香水EDT）						41滴＋82滴 =123滴 （約3.1ml）	

祝福小語

我現在樣樣都有，豐富有餘。

（腓利比書4：18）

🌸 日常香水NO.8：培養個人的自信

「白松香香調」微強的綠葉和大地氣味，搭配「花梨木香調」的木香，構成驚喜的味道。淡雅的甜味持續散出，紫羅蘭葉原精成為綠香轉到木味，也是將甜感連接起來的橋樑。

香水配方表：香水氣味主題——綠意調（白松香香調）

香調	原料名稱	a 起始滴數	b 增加滴數	c 滴數總合 a+b	d 乘10倍 c*10	e 細修	f 總滴數 d+e	g 放大2倍
前調	白松香調 ÷10%	1	+1	2	20		20	40
	白松香 1%					+2	2	4
中調	紫羅蘭葉原精 0.75%	1		1	10		10	20
後調	花梨木香調 10%	1		1	10		10	20

香水濃度÷7.35%（淡香水EDT）　　42滴＋84滴＝126滴（約3.2ml）

＊「白松香香調」的濃度已遠低於10%，香水的真實濃度會更低於7.35%。

🫐 祝福小語

我所愛的，你何其美好，何其可悅，使人歡暢喜樂。

（雅歌7：6）

Natural Ingredients

9 月 September

Tuberose Absolute
香氣代表：晚香玉原精

晚香玉有人稱它是夜來香，由名字可知它是在夜晚時盛開，而且愈夜愈芬芳。晚香玉還有一個別名，叫做「月下香」，聽到這個名字，我腦海中浮現一幅畫面，當夜幕降臨，那迷人的氣味，皎如明光，彷彿可以照亮幽暗的黑夜，把它當作九月中秋節的代表香氣很合適。

以溶劑萃取自花瓣的晚香玉原精，氣味溫柔婉約，有些人說它是依蘭、茉莉、橙花和玉蘭花的綜合體，我說它是舒壓高手，一絲絲的奶香味，瞬間撫平緊張、焦慮的心，這平靜的氛圍會持續很久不散去，不只讓人感到安心也溫暖了心房。它的留香度，不是曇花一現，反而是持久留香、滿滿舒適感。

🌸 三種主題精油香水的香氣氛圍

1. 節慶香水：中秋節

　　每年九月左右是中秋節，這是一家團聚的日子，賞月、烤肉已變成當天必備的活動之一。我將這款巧妙構思，象徵夜裡皎潔明光的「中秋節節慶香水」送給每個人，願人人在香氣中，愈夜愈美麗，也更享受著與家人相聚的重要時光。

　　你食指大動了嗎？當琳瑯滿目的月餅推出時，就代表中秋佳節已來到。這款節慶香水就像新年後，又是一個全家人聚在一起的機會，借重「晚香玉原精」有質感的白花花香，還有「格陵蘭喇叭茶香調」和「安息香香調」的相伴，若似好久不見的家人們，再次齊聚一堂。這不僅僅是一款香水，更像是一場秋季時分的團圓餐，用甜點畫出溫馨的驚嘆號！

2. 生日香水：九月壽星

　　第二種精油香水是特別為九月壽星準備的禮物，除了專屬的香水配方，還有祝福小語，讓壽星備受尊榮。你也可以將這份禮物，送給九月生日的壽星，如此用心的禮物，對方會記得你的心意。

　　九月壽星是個實事求事也相當聰穎的人。這款生日香水瀰漫「格陵蘭喇叭茶香調」輕快的茶香，綜合「晚香玉原精」細膩的奶香味和「蘇合香香調」豐富的杏仁味，展現出一種和樂融融的氛圍。它不僅是對壽星的祝福，更是一種對他們生命態度的讚頌，讓他們在生日當天感受到被認可的溫暖。

3. 日常香水：享有永恆的平安（適合焦慮、緊張時使用）

　　九月除了中秋節，我也規劃一款日常香水，取名為「享有永恆的平安」，盼望借重這馨香之氣，讓各位感受到真正的平安，而這份平安不是短暫的，是持久不變的。

我們都需要平安，一份真正的平安能使生命的根基穩固。這款日常香水就像是一位幫助者，日日與你同行，更是你堅強的後盾。它採用「蘇合香香調」豐富的香脂味，再連接「甜橙香調」和「晚香玉原精」撫慰人心的甜感，活像是一位良師益友，困惑時給你智慧，失敗時給你鼓勵。這款香水不僅是一種氣味，更陪伴你一起走過人生的高山與低谷。

🌸 香水設計概念

「晚香玉原精」是九月的代表香氣，在調配三種主題精油香水時都會使用到它。它的香氣揮發度是位於中調，這代表在香水配方表中，還需要前調和後調的原料。甜橙、格陵蘭喇叭茶、安息香原精、蘇合香是我選出與晚香玉原精搭配的四種原料。

依香氣揮發度分類

- ◆ 前調：甜橙、格陵蘭喇叭茶
- ◆ 後調：安息香原精、蘇合香

如何使用這四種原料

為了使精油香水的氣味更細緻，我會先將上列四種精油以相同香氣揮發度去分類，兩兩一組創作出四種香調（各香調中，兩種精油的建議比例，請參考後面單元介紹）。四種香調如下：

- ◆ 前調香調NO.17：**甜橙香調**（甜橙＋格陵蘭喇叭茶）
- ◆ 前調香調NO.18：**格陵蘭喇叭茶香調**（格陵蘭喇叭茶＋甜橙）
- ◆ 後調香調NO.17：**安息香香調**（安息香原精＋蘇合香）
- ◆ 後調香調NO.18：**蘇合香香調**（蘇合香＋安息香原精）

四種原料的安排方式

我在原料的選擇上，會安排一種原料氣味較柔和（甜橙100％、安息香原精100％）、另一種則是比較強烈（格陵蘭喇叭茶50％、蘇合香10％），我發現這樣的組合在創作香調時，氣味比較好掌控。

接下來，四種香調會與稀釋的晚香玉原精進行香氣測試，找出最適合的配搭組合（三種主題精油香水使用到的香調，請參考後面單元介紹）。

🌸 五種原料小檔案

編號	精油名稱	英文名稱	拉丁學名
41	晚香玉原精	Tuberose Absolute	*Polianthes tuberosa*
42	甜橙	Sweet Orange	*Citrus sinensis*
43	格陵蘭喇叭茶	Labrador Tea	*Rhododendron groenlandicum*
44	安息香原精	Benzoin Absolute	*Styrax benzoin*
45	蘇合香	Styrax	*Liquidambar orientalis*

晚香玉原精

英文	Tuberose Absolute	拉丁學名	*Polianthes tuberosa*
萃取方式	溶劑	萃取部分	花朵
科別	龍舌蘭科	主要化學成分	苯甲酸甲酯（Methyl benzoate）、苯甲酸苄酯（Benzyl benzoate）
香氣家族	花香	香氣調性	中調

　　以溶劑萃取自花朵的晚香玉原精，主要化學分子是苯甲酸甲酯、苯甲酸苄酯。苯甲酸苄酯在水仙原精小檔案單元已提過，細微的香脂和杏仁味。而苯甲酸甲酯是一種具有果香、花香和甜味的酯類香氣分子，調香師常會用此香氣分子來構思白花香調。

　　我有個「香」前行——前進校園計畫，曾去到多間大學開辦精油香水講座，每次給大學生們嗅聞晚香玉原精的反應是：「太成熟、老氣」，當天它被「點播」的次數超低（已是稀釋2％濃度的晚香玉原精）。後來，我改給社會人士的學生們嗅聞，氣味形容很兩極化，分別是：「中藥味」和「奶油香」。不管他們是否喜歡此原料，但其實大家已描述出晚香玉原精的氣味特點。

　　晚香玉雖被稱為「夜的女主人」，但我覺得它其實有點小害羞，別被它一開始的氣味震撼到（不論你是先聞到滋補感的人參、當歸味，或是奶香味的奶甜感），而將它直接打入冷宮哦！

甜橙

英文	Sweet Orange	拉丁學名	*Citrus sinensis*
萃取方式	冷溫壓榨	萃取部分	果皮
科別	芸香科	主要化學成分	檸檬烯（Limonene）
香氣家族	柑橘	香氣調性	前調

　　以冷溫壓榨萃取自果皮的甜橙精油，氣味單純、簡單。又香又甜美，不會苦的氣味特微，成為我心目中在柑橘香氣家族成員裡，排名第一的「好相處」原料。

　　世界知名精品品牌——愛馬仕，旗下的首位專屬香水師艾連納（Jean-Claude Ellena），他曾分享他在調香時會「嘗試留白」，以不追求大量的原料為主，而是改用較少原料來構想香水的氣味。這是一項大膽的試驗，這「化繁為簡、重質不重量」的方式，反而讓艾連納推出來的香水，氣味上更有力道且不失高級質感。

　　我也將「化繁為簡、重質不重量」的概念放在心中，在多次試做後，我體會到看似簡單的甜橙精油，真的能做出令鼻子驚喜連連的香氣，這概念超可貴的。憑著這原因，甜橙是我所選四種原料之一，來與九月代表香氣——晚香玉原精做搭配。

格陵蘭喇叭茶

英文	Labrador Tea	拉丁學名	*Rhododendron groenlandicum*
萃取方式	蒸餾	萃取部分	葉片
科別	杜鵑花科	主要化學成分	檸檬烯（Limonene）、檜烯（Sabinene）、α&β-松油萜（α&β-Pinenes）
香氣家族	草本 （細分：茶味）	香氣調性	前調

　　第一次接觸格陵蘭喇叭茶精油，是在準備高階班教案，決定將它加進教學的原因，除了它的名字好冷冽（光看格陵蘭這名字，讓我想到位於北冰洋和大西洋之間的島嶼，那邊氣候寒冷），它那甜甜的茶味，是打造沁著茶香香水，必備的茶味原料之一。

　　喜歡生長在高緯度、極冷北極圈的格陵蘭喇叭茶，在不容易的生存條件下，還能生長下來，可以看出植物本身有著強大的生存力量。以蒸餾萃取自葉片的格陵蘭喇叭茶精油，氣味上揚，揮發度快，我將它放置於配方表中前調的位置。

　　每次為學生介紹這款原料時，都讓我想起聖經中的一句話：「上帝是我的力量，祂使我的腳快如母鹿的蹄，穩行在高處。」好像也在述說著格陵蘭喇叭茶的生命故事，它是怎麼在高緯度、酷寒地生存下來，造就出精油氣味高昂的特色。因茶香味原料在精油調香中不多，使得它的「地位」穩健不易被取代。因我個人私心很想嘗試看看格陵蘭喇叭茶精油的威力，於是，它是我所選四種原料之一，來與九月代表香氣——晚香玉原精做搭配。

安息香原精

英文	Benzoin Absolute	拉丁學名	*Styrax benzoin*
萃取方式	溶劑	萃取部分	樹脂
科別	安息香科	主要化學成分	肉桂酸（Cinnamic acid）、安息香酸（Benzoic acid）、香草素（Vanillin）
香氣家族	香脂	香氣調性	後調

　　以溶劑萃取自樹脂的安息香原精，豐沛的甜味、糖果香，有著「調香師的甜味劑」之稱，是一支好入手的原料，它的價格比同是甜味的香草萃取液、零陵香豆原精便宜許多。不只我個人很喜愛它，它也經常出現在學生們的配方中。

　　安息香原精的甜味，讓我回想起多年前在南法香水城——格拉斯，參加了一場由「Galimard香水公司」舉辦的二小時調香體驗。作品完成後，當地的調香師聞了我的完成品，她說：「亞洲國家，特別是日本、臺灣都很喜歡甜甜的味道。」真是「一語驚醒夢中人」，我好像真的是這樣。後來，我謹記在心，也叮嚀自己不要太專注甜感的原料，千萬別被甜味「綁架」了。

　　我在教學中也發覺，當學生遇到不好處理的原料時，他們會習慣以安息香原精來修改氣味，很常一個不小心就加太多，導致甜味變得像一個「防護罩」，把香氣「保護」的太好，少了高低起伏的變化。

　　不多不少剛剛好、過與不及的道理，看來也適用在調香中。該怎麼使甜味的安息香，冰淇淋的風味，略有辛香料感的氣息，靈活、生動的「活出來」，燃起我一個念頭，決定將安息香原精選為四種原料之一，來與九月代表香氣——晚香玉原精做搭配。

蘇合香

英文	Styrax	拉丁學名	*Liquidambar orientalis*
萃取方式	蒸餾	萃取部分	樹脂
科別	楓香科	主要化學成分	苯甲酸苄酯（Benzyl benzoate）、肉桂酸肉桂酯（Cinnamyl cinnamate）、肉桂酸（Cinnamic acid）
香氣家族	香脂	香氣調性	後調

　　蒸餾萃取自樹脂的蘇合香精油，初聞之下會讓人聯想到「杏仁茶」，這味道似乎不太受人喜愛。不過，蘇合香是一支值得深入觀察氣味變化的原料，它有一股罕見的「墨條味」，學生們曾分享出，它還有類似「傳統紙膠水味」。這幾個氣味形容也說出一個重要的關鍵點，在調香時，不用加太多的蘇合香喔！

　　曾與故宮博物院合作的專案中，我要以「南宋的小品繪畫」為主，選出符合專案主題的精油。蘇合香因著它奇特的墨條味，立刻雀屏中選，用它來詮釋水墨畫的精神，再好不過了。當天參加活動的貴賓們，聞到它的味道時，討論聲此起彼落，可以看出他們「初次嚐鮮」的驚喜。

　　若干人覺得蘇合香精油有淡淡的香料味，相似肉桂皮，也有少數人覺得它有一絲丁香花苞的氣息。上述各式各樣的氣味形容，啟發我將蘇合香列入四種原料之一，來與九月代表香氣——晚香玉原精做搭配。

🌸 製作四種香調

前調香調NO.17：甜橙香調

- 香調配方：甜橙100％＋格陵蘭喇叭茶50％
- 主香氣：甜橙
- 建議比例：4：1
- 轉換成滴數：16滴和4滴（總滴數20滴，在10ml滴管瓶中）
- 香調濃度：約10％

　　兩種原料的安排：香調中甜橙的氣味鮮明，為了讓柑橘味多一些小變化，特地安排格陵蘭喇叭茶做它的夥伴，營造出一款百搭又不失趣味的香調。

前調香調NO.18：格陵蘭喇叭茶香調

- 香調配方：格陵蘭喇叭茶50％＋甜橙100％
- 主香氣：格陵蘭喇叭茶
- 建議比例：1：1
- 轉換成滴數：10滴和10滴（總滴數20滴，在10ml滴管瓶中）
- 香調濃度：約10％

　　兩種原料的安排：香調中雖然只用50％濃度的格陵蘭喇叭茶，茶味就挺夠的。規劃甜橙精油與它配搭，目的是讓茶香不過於「無聊」，但又不會太「跳躍」。

後調香調NO.17：安息香香調

- 香調配方：安息香原精100％＋蘇合香10％
- 主香氣：安息香原精
- 建議比例：1：1
- 轉換成滴數：10滴和10滴（總滴數20滴，在10ml滴管瓶中）
- 香調濃度：約10％

　　兩種原料的安排：香調中只規劃10％濃度的蘇合香，目的是想利用它的杏仁、墨條味，輕輕點綴在安息香甜感中，有減緩甜膩感的效果。

後調香調NO.18：蘇合香香調

- 香調配方：蘇合香10％＋安息香原精100％
- 主香氣：蘇合香
- 建議比例：3：1
- 轉換成滴數：15滴和5滴（總滴數20滴，在10ml滴管瓶中）
- 香調濃度：約10％

　　兩種原料的安排：香調中沒有選用100％的蘇合香，因為不想將它的墨條味和近似傳統紙膠水的味道放太大，會不討鼻子喜悅。10％濃度的蘇合香味道剛剛好，而安息香的糖果甜味也為此香氣加分。

🌸 節慶香水NO.9：中秋節

晚香玉原精綿蜜的奶香中，傳來一陣陣美食的甜味，花香調的美艷聯合美食調的魅力，調合出極為精細的氣味，可說是一款完美平衡的全新味道。

香水配方表：香水氣味主題──花香調（晚香玉原精）

香調	原料名稱	a 起始滴數	b 增加滴數	c 滴數總合 a+b	d 乘10倍 c*10	e 細修	f 總滴數 d+e	g 放大2倍
前調	格陵蘭喇叭茶香調÷10%	1		1	10		10	20
中調	晚香玉原精 4.8%	2	+1	3	30	+1	31	62
後調	安息香香調÷10%	1		1	10		10	20
	香水濃度÷6.83%（淡香水EDT）						51滴＋102滴＝153滴（約3.8ml）	

🍇 祝福小語

在他的日子，義人要發旺，大有平安，好像月亮長存。

（詩篇72：7）

生日香水NO.9：九月壽星專屬禮物

「格陵蘭喇叭茶香調」的茶味快速竄流到鼻尖，茶香跟奶香味超級對味。晚香玉原精的花香雖不太顯眼，但有串起整款香水的味道。淡淡的柑橘味，發揮畫龍點睛的效果，讓茶香味光芒四射。

香水配方表：香水氣味主題──茶香調（格陵蘭喇叭茶香調）

香調	原料名稱	a 起始滴數	b 增加滴數	c 滴數總合 a+b	d 乘10倍 c*10	e 細修	f 總滴數 d+e	g 放大2倍
前調	格陵蘭喇叭茶香調÷10%	2	+1	3	30		30	60
	格陵蘭喇叭茶 5%					+3	3	6
中調	晚香玉原精 2.4%	1		1	10		10	20
後調	蘇合香香調÷10%	1		1	10		10	20
	香水濃度÷8.27%（淡香水EDT）						53滴＋106滴=159滴（約4ml）	

祝福小語

你定意要做何事，必然為你成就，亮光也必照耀你的路。

（約伯記22：28）

日常香水NO.9：享有永恆的平安

「蘇合香香調」醇厚的杏仁味中，混合安息香原精深度的甜感，香水的味道變得多層次。晚香玉原精的粉味為美食調香水增添了確定性，香味中隱含著一股撫慰人心的安定力量。

香水配方表：香水氣味主題──美食調（蘇合香香調）

香調	原料名稱	a 起始滴數	b 增加滴數	c 滴數總合 a＋b	d 乘10倍 c*10	e 細修	f 總滴數 d＋e	g 放大2倍
前調	甜橙香調÷10%	1		1	10		10	20
中調	晚香玉原精 2.4%	1		1	10		10	20
後調	蘇合香香調÷10%	2	＋1	3	30		30	60
	蘇合香 1%					＋2	2	4
	香水濃度÷8.17%（淡香水EDT）						52滴＋104滴＝156滴（約3.9ml）	

＊「蘇合香香調」的濃度遠低於10%，香水的真實濃度會更低於8.17%。

祝福小語

我所賜的平安，不像世界所賜。你們心裡不要憂愁，也不要害怕。　　　　　　　　　　　　　　（約翰福音14：27）

Natural Ingredients

10 月 November

Jasmine Sambac Absolute

香氣代表：小花茉莉原精

世界各國都有自己獨特的飲茶文化，像是英國人以愛喝茶著名，一天要喝四次茶，以英國早餐茶、伯爵茶、茉莉花茶、綠茶為主。我自己則偏愛伯爵茶，因為它有卓越的果皮香味。當手搖杯旺季來臨時，伯爵茶便是我首選的茶品。

某個機會下，我品嘗到某品牌的茉莉花綠茶，光聞茶包就覺得茉莉花清香四溢。從此，它也列為我午茶時的選項之一。

茉莉綠茶中的茉莉，就是多數人熟悉的小花茉莉，也叫阿拉伯茉莉。以溶劑萃取法萃取自花瓣的小花茉莉原精，氣味芬芳、亮麗，蘊含青春的氛圍，也深受少女、輕熟女們的喜愛。話說，最能代表少女的氣味，同時也是女孩們最愛的下午茶香之一，小花茉莉原精實至名歸，選它做為十月國際女孩節的代表香氣，準沒錯！

🌸 三種主題精油香水的香氣氛圍

1. 節慶香水：國際女孩節

每年十月有個屬於女孩們的節慶，是十月十一日的國際女孩節，你可能對這個節日很陌生，這是為了打破性別歧視與暴力循環，讓女孩們獲得應有的各項權利與照顧而推動的節日。這款帶有俏皮感的「國際女孩節慶香水」，願這香水的味道，可以點亮世界各地女孩們的幸福的未來。

女孩們天真無邪的臉孔，在足夠的資源和應有的人權下，女孩們一個個成長茁壯。這款節慶香水就像一股力量，聚集「小花茉莉原精」鮮明又帶霸氣的花香，還有「葡萄柚香調」和「紅沒樂香調」的相挺，有如共同成就了一件美善的事。這不僅僅是一款香水，更像是女孩們迎向幸福未來的開端。

2. 生日香水：十月壽星

第二種精油香水是特別為十月壽星準備的禮物，除了專屬的香水配方，還有祝福小語，讓壽星備受尊榮。你也可以將這份禮物，送給十月生日的壽星，如此用心的禮物，對方會記得你的心意。

十月壽星是個落落大方且保有赤子之心的人。這款生日香水承接「岩玫瑰香調」醇香的尊貴感，佐以「葡萄柚香調」活潑的柑橘皮味和「小花茉莉原精」明亮的茉莉花香，勾勒出一種輕熟卻不失穩重的氛圍。它不僅是對壽星的祝福，更是一種對他們品德的稱譽，讓他們在生日當天感受到被慶賀的尊榮。

3. 日常香水：重拾少女心（適合好友聚會時使用）

十月的國際女孩節，也激起我的少女心，著手為大家配製一款日常香水，以「重拾少女心」命名，渴望在這馨香之氣中與好友來場午茶時光，在話家常中，重新拾回年輕過往的那份純真、真誠、坦然的心。

我們都盼望保有少女般的單純和重拾最初純粹的心。這款日常香水就像是一首樂曲，當旋律響起時，心中的煩悶也隨之散去。它散發「瑪黛茶香調」舒心的茶香，再加進「小花茉莉原精」和「紅沒藥香調」一高一低的氣味，一花一皮革的香氣，彷若坐上旋轉木馬，隨著木馬上上下下，回到孩子般開心的樣式。這款香水不僅是一種氣味，更是一種喜樂的泉源。

🌸 香水設計概念

「小花茉莉原精」是十月的代表香氣，在調配三種主題精油香水時都會使用到它。它的香氣揮發度是位於中調，這代表在香水配方表中，還需要前調和後調的原料。葡萄柚、瑪黛茶原精、紅沒藥、岩玫瑰是我選出與小花茉莉原精搭配的四種原料。

原料依香氣揮發度分類

- ◆ 前調：葡萄柚、瑪黛茶原精
- ◆ 後調：紅沒藥、岩玫瑰

如何使用這四種原料

為了使精油香水的氣味更細緻，我會先將上列四種精油以相同香氣揮發度去分類，兩兩一組創作出四種香調（各香調中，兩種精油的建議比例，請參考後面單元介紹）。四種香調如下：

- ◆ 前調香調NO.19：葡萄柚香調（葡萄柚＋瑪黛茶原精）
- ◆ 前調香調NO.20：瑪黛茶香調（瑪黛茶原精＋葡萄柚）
- ◆ 後調香調NO.19：紅沒藥香調（紅沒藥＋岩玫瑰）
- ◆ 後調香調NO.20：岩玫瑰香調（岩玫瑰＋紅沒藥）

四種原料的安排方式

我在原料的選擇上，會安排一種原料氣味較柔和（葡萄柚100％、紅沒藥100％）、另一種則是比較強烈（瑪黛茶原精50％、岩玫瑰10％），我發現這樣的組合在創作香調時，氣味比較好掌控。

接下來，四種香調會與稀釋的小花茉莉原精進行香氣測試，找出最適合的配搭組合（三種主題精油香水使用到的香調，請參考後面單元介紹）。

🌸 五種原料小檔案

編號	精油名稱	英文名稱	拉丁學名
46	小花茉莉原精	Jasmine Sambac Absolute	*Jasminum sambac*
47	葡萄柚	Grapefruit	*Citrus paradisi*
48	瑪黛茶原精	Mate Absolute	*Ilex paraguariensis*
49	紅沒藥	Opoponax	*Commiphora glabrescens*
50	岩玫瑰	Cistus	*Cistus ladaniferus*

小花茉莉原精

英文	Jasmine Sambac Absolute	拉丁學名	*Jasminum sambac*
萃取方式	溶劑	萃取部分	花朵
科別	木樨科	主要化學成分	乙酸苄酯（Benzyl acetate）、沉香醇（Linalool）、素馨酮（Cis-jasmone）、吲哚（Indole）
香氣家族	花香	香氣調性	中調

以溶劑萃取自花朵的小花茉莉原精，香氣分子與大花茉莉原精一樣繁多，下列的資料是我個人對兩種茉莉氣味的見解，也綜合學生們的分享：

(1)小花茉莉原精：「亞洲女性、可愛的少女、活潑、秀氣、青茶味、氣味是發散的、香到一點臭」等。

(2)大花茉莉原精：「歐洲女性、成熟的女人、穩重、豔麗、熟茶味、氣味是平穩的、香到臭」等。

你是「小花人」還是「大花人」？你猜猜看，我是哪種「人」？答案是，我是「小花人」，我偏愛小花茉莉原精的明亮度和較少讓人聯想到「廁所味」。精油之王——茉莉，如以氣味鮮明度來分，我個人覺得是小花茉莉榮登寶座。若以成熟度來分，大花茉莉更具有王者之風。這兩種「王」，在香水配方中，稀釋到1%或5%濃度，是剛剛好的香，與其他原料同工時，更能夠刻畫出花香調香水的優美。

葡萄柚

英文	Grapefruit	拉丁學名	*Citrus paradisi*
萃取方式	冷溫壓榨	萃取部分	果皮
科別	芸香科	主要化學成分	檸檬烯（Limonene）
香氣家族	柑橘	香氣調性	前調

　　以冷溫壓榨萃取自果皮的葡萄柚精油，也是一支「好相處」的原料，排名位居甜橙精油之後。在教學中，講到葡萄柚精油時，不時會有人說「好想來杯手搖飲」的回答，聞香的過程真的會開啟學生們的口腹之慾。飲品中有個葡萄柚綠茶的選項，聽說銷售長紅，當初我想選葡萄柚作為四種原料之一，來與十月代表香氣——小花茉莉原精搭配，也是這個原因。

　　上過CNP系統初階課程的學生們會知道，我都會問大家，何時你會吃葡萄柚水果？多年前聽到的答案是減肥時，現今，這答案已逐漸消聲匿跡。原因是，現在減肥會以減醣飲食、生酮飲食和221餐盤等代替，也更正我的飲食觀念，原來水果中含糖量高，愈吃愈不會瘦。

　　回到主題，葡萄柚精油在調香中，我個人覺得有一種「解膩」的功效，解什麼膩呢？我形容它可以一解香水氣味中「太花香、太苦感、太青澀、太泥土味」等的膩。為氣味注入一陣柑橘甜味，但又不像甜橙精油爆炸甜的分量，看到這，有沒有想將葡萄柚精油入手的衝動！

瑪黛茶原精

英文	Mate Absolute	拉丁學名	*Ilex paraguariensis*
萃取方式	溶劑	萃取部分	葉片
科別	冬青科	主要化學成分	瑪黛因（Mateine）
香氣家族	草本（細分：茶香）	香氣調性	前調

　　以溶劑萃取自葉片的瑪黛茶原精，帶有茶香和淡淡的菸草味，是調製「茶香調香水氣味主題」的「必備原料」之一。第一次接觸到瑪黛茶原精，是在準備專案班教案，它的茶味令我著迷，立刻將它加到教案中，自己也先動手遊玩一番，一解心中的好奇心。

　　為了增進自己在選原料和製作精油香水上的技法，我不時會研究商業香水，了解當下正在流行什麼氣味。在查看資料、品香中，找到一個我很喜歡的品牌，它是以日式俳句為名的精品香水──FLORAÏKU，它有多款香水作品是以茶原料為構思。

　　「暮林鴞影Between Two Trees」這款香水的瑪黛茶茶香襲人，引起我高度的關注。查看配方後，得知調香師選用葡萄柚和瑪黛茶等原料。我靈機一動，立即學習他的手法做出「瑪黛茶香調」，它是由瑪黛茶原精和葡萄柚精油所組而成，紅茶味中有水果香，令人雀躍不已（請參考「前調香調NO.20：瑪黛茶香調」）。

　　「日常香水NO.10：重拾少女心」是由「瑪黛茶香調」結合小花茉莉原精和「紅沒藥香調」陪襯下的產物，它蘊藏一縷茶的氣息，很有亮「鼻」的效果，你可以試做看看！

紅沒藥

後調	Opoponax	拉丁學名	*Commiphora glabrescens*
萃取方式	蒸餾	萃取部分	樹脂
科別	橄欖科	主要化學成分	α-紅沒藥烯（α-Bisabolene）
香氣家族	香脂	香氣調性	後調

　　以蒸餾萃取自樹脂的紅沒藥精油，香氣帶有甜感也被稱為甜沒藥。將紅沒藥與沒藥相比，兩種精油都是香脂香氣家族的成員也是橄欖科的植物，氣味揮發度都歸入後調，不同的是，氣味一甜一苦，很兩極化的原料。紅沒藥精油中含有α-紅沒藥烯，它給予紅沒藥溫暖的氣息，甜味中又有幾絲香料感，這是使它與沒藥精油，在氣味上做出區分的要點。

　　我將多年來搜集到學生們對紅沒藥精油的氣味形容整理如下：「微甜感、比沒藥輕的皮件味、塑膠味比沒藥淡、略有花香」等。所有的氣味聯想，也揭露出紅沒藥精油，是達成「皮革調香水氣味主題」的「必備原料」之一。但我個人覺得，紅沒藥精油還是需要沒藥的幫忙，才能將「皮革調」的氣味特色展現出來。

　　在翻閱一些資料時，看到內容說到紅沒藥是調配「東方調香水氣味主題」的原料之一，依據我的經驗，它的氣味還不夠強烈到去彰顯出「東方調」香水的特質，但它絕對有資格做東方調香水的「必備原料──岩玫瑰」的輔助者（請參考「後調香調NO.20：岩玫瑰香調」）。

　　綜合剛剛所提及的，紅沒藥成為我所選四種原料之一，來與十月代表香氣──小花茉莉原精做搭配。

岩玫瑰

英文	Cistus	拉丁學名	*Cistus ladaniferus*
萃取方式	蒸餾	萃取部分	葉片
科別	半日花科	主要化學成分	α-松油萜（α-pinene）、乙酸龍腦酯（Bornyl acetate）
香氣家族	香脂	香氣調性	後調

　　以蒸餾萃取自葉片的岩玫瑰精油是精油調香的佳音，它代替不易取得的龍涎香，也是製作「東方調香水氣味主題」的「必備原料」（龍涎香是抹香鯨腸道內的分泌物，是極為珍貴的原料，現在已被化學合成原料取代）。

　　許多人對岩玫瑰精油氣味的反應是：「好嗆鼻、好重味、氣味好複雜」，說實在的，我個人也認為不太容易闡述它香氣的走向。但有趣的是，當我講述到「抹香鯨腸道內的分泌物」這句話時，學生們便能開始嘗試形容出它的氣味走向。大腦真的很神奇，讓他們瞬間理解，並表達出這些微妙的香氣變化。

　　以下是我整理出，曾出現過的氣味形容：「皮革味、橡膠味、動物味、一點點辛香味」，這些已是東方調香水常有的味道雛形。而「松木香、木頭味、綠意感」等形容，我覺得是因為岩玫瑰精油中具有松油萜香氣分子的關係。

　　對了，我還記得有學生們形容它的氣味像「蜂蜜味、淡淡的花香」。超多如此新穎、奇特又珍貴的氣味形容和聯想，促使我必定要將岩玫瑰選為四種原料之一，來與十月代表香氣──小花茉莉原精做搭配。

🌸 製作四種香調

前調香調NO.19：葡萄柚香調

- 香調配方：葡萄柚100％＋瑪黛茶原精50％
- 主香氣：葡萄柚
- 建議比例：3：1
- 轉換成滴數：15滴和5滴（總滴數20滴，在10ml滴管瓶中）
- 香調濃度：約10％

　　兩種原料的安排：香調中葡萄柚的氣味顯著，為了讓柑橘味多一些小變化，特地安排50％濃度的瑪黛茶原精做它的夥伴，這是一款令聞到它味道的人，會感到快樂的香調。

前調香調NO.20：瑪黛茶香調

- 香調配方：瑪黛茶原精50％＋葡萄柚100％
- 主香氣：瑪黛茶原精
- 建議比例：3：1
- 轉換成滴數：15滴和5滴（總滴數20滴，在10ml滴管瓶中）
- 香調濃度：約10％

　　兩種原料的安排：香調中採用50％濃度的瑪黛茶原精，除了考量成本外，也是想創造一款不只有紅茶味，也可以聞到淡淡柑橘果皮香的香調。

後調香調NO.19：紅沒藥香調

- 香調配方：紅沒藥100％＋岩玫瑰10％
- 主香氣：紅沒藥
- 建議比例：3：1
- 轉換成滴數：15滴和5滴（總滴數20滴，在10ml滴管瓶中）
- 香調濃度：約10％

　　兩種原料的安排：香調中集中火力加強紅沒藥粉甜味和類皮件香，為了使香調味道再新穎一些，決用採用10％濃度的岩玫瑰做裝飾，來上少許幾滴，香調的氣味變得很有層次感。

後調香調NO.20：岩玫瑰香調

- 香調配方：岩玫瑰10％＋紅沒藥100％
- 主香氣：岩玫瑰
- 建議比例：4：1
- 轉換成滴數：16滴和4滴（總滴數20滴，在10ml滴管瓶中）
- 香調濃度：約10％

　　兩種原料的安排：香調中雖只用10％濃度的岩玫瑰，但它氣勢不可擋，為了要降低一些動物感，加深一點甜甜的香味，因而選擇紅沒藥與它搭配，這是一款氣味豐富性高的香調。

🌸 節慶香水NO.10：國際女孩節

小花茉莉原精吐露濃烈的花香，融合「紅沒藥香調」的香脂味，整款香水味道使人著迷。尾韻婉轉百變，不時會有淺淺的岩玫瑰味跳出，為香水增加俏皮和燦爛的氣息。

香水配方表：香水氣味主題──花香調（小花茉莉原精）

香調	原料名稱	a 起始滴數	b 增加滴數	c 滴數總合 a＋b	d 乘10倍 c*10	e 細修	f 總滴數 d＋e	g 放大2倍
前調	葡萄柚香調 ÷10％	1		1	10	-	10	20
中調	小花茉莉原精 5％	1	＋2	3	30	-	30	60
後調	紅沒藥香調 ÷10％	1		1	10	-	10	20
	香水濃度÷7％（淡香水EDT）						50滴＋100滴＝150滴（約3.8ml）	

🍇 祝福小語

他能將各樣的恩惠多多地加給你們，使你們凡事常常充足，能多行各樣善事。　　　　　　　　　　　　　　（哥林多後書9：8）

🌸 生日香水NO.10：十月壽星專屬禮物

「岩玫瑰香調」的香氣豐沛，小花茉莉原精輕柔的花香一抹而過，炫染出醇香的尊貴感，滿有東方調香水的氣氛。

香水配方表：香水氣味主題——東方調（岩玫瑰香調）

香調	原料名稱	a 起始滴數	b 增加滴數	c 滴數總合 a+b	d 乘10倍 c*10	e 細修	f 總滴數 d+e	g 放大2倍
前調	葡萄柚香調÷10%	1		1	10	+1	11	22
中調	小花茉莉原精5%	1		1	10		10	20
後調	岩玫瑰香調÷10%	1	+1	2	20		20	40
	香水濃度÷8.76%（淡香水EDT）						41滴＋82滴 =123滴 （約3.1ml）	

🫐 祝福小語

你起初雖然微小，終久必甚發達。

（約伯記8：7）

日常香水NO.10：重拾少女心

「瑪黛茶香調」舒心的茶香混合小花茉莉原精的花香茶味，呈現出茗茶的苦澀回韻，令人再三回味。「紅沒藥香調」的粉甜感，為香水添上愉悅的芬芳味道。

香水配方表：香水氣味主題——茶香調（瑪黛茶香調）

香調	原料名稱	a 起始滴數	b 增加滴數	c 滴數總合 a＋b	d 乘10倍 c*10	e 細修	f 總滴數 d＋e	g 放大2倍
前調	瑪黛茶香調 ÷10%	2	＋1	3	30		30	60
	瑪黛茶原精 1%					＋4	4	8
中調	小花茉莉原精 1%	1		1	10		10	20
後調	紅沒藥香調 ÷10%	1		1	10		10	20
	香水濃度÷7.65%（淡香水EDT）						54滴＋108滴 ＝162滴 （約4.1ml）	

祝福小語

喜樂的心是良藥，憂傷的靈使骨枯乾。

（箴言17：22）

Natural Ingredients

11 月 November

Magnolia Blossom

香氣代表：白玉蘭

　　提到玉蘭花，它應該是臺灣開車族最熟悉的香味，有黃、白二個品種。白玉蘭的花色潔白且花香典雅，較受人青睞。

　　玉蘭花的花期很短暫，一般來說只有一天，所以花農們幾乎全年無休、每天辛苦採收重複相同的作業流程，只為了要將玉蘭花在時限內送到下一站，才可以放下心休息一下。

　　不論中間運送過程多麼遙遠（中間會經過集貨人、盤商），「外在的世界」多麼混亂、忙錄，玉蘭花們依然淡定、優雅地綻放，最後完整無缺，安全抵達小販們的手中。

　　淡雅花香的背後，是無數人辛苦的汗水換來的，下次看到玉蘭花時，真的要珍惜一朵朵的花兒們，也要感恩花農的辛苦和小販們願意做這份勞累的工作。一串小小的玉蘭花只要銅板的價錢，但要感謝的人太多了，因此把玉蘭花作為十一月感恩節的代表香氣，再適合不過。

🌸 三種主題精油香水的香氣氛圍

1. 節慶香水：感恩節

　　每年十一月的第四個星期四是感恩節，這是西方人感恩與團聚的時光，相似於華人的春節。在這一天家人們會團聚在一起，互相對過去一年中的各種人事表達感謝之意。感恩節文化在臺灣也愈來愈普及，學校老師們也會教導孩子們要知足感恩。我也將這款洋溢濃濃感恩之意的「感恩節節慶香水」，獻給各位。願所有人在香氣中，都能找到一些人和事情來感恩與感謝。

　　耳熟能詳的一句歌詞：「感恩的心，感謝有你」，如此簡單的感謝，能縮短人與人間的距離。這款節慶香水，就像一場感恩特會，洋溢「白玉蘭」隨和的花果香，還有「日本柚子香調」和「芳樟香調」的加乘作用，好似把感恩這件事時時放在心中。這不僅僅是一款香水，更像是一趟播下心靈富有種子之旅，在精心呵護下，冉冉萌芽滋長。

2. 生日香水：十一月壽星

　　第二種精油香水是特別為十一月壽星準備的禮物，除了專屬的香水配方，還有祝福小語，讓壽星備受尊榮。你也可以將這份禮物，送給十一月生日的壽星，如此用心的禮物，對方會記得你的心意。

　　十一月壽星是個活力十足也熱愛遊山玩水的人。這款生日香水瀰漫「西印度香調」年輕的木味，銜接「日本柚子香調」輕柔的柑橘味和「白玉蘭」隨和的花香，飄溢出一種輕鬆、無壓力的氛圍。這不僅是對壽星的祝福，更是一種對他們性情的誇讚，讓他們在生日當天感受到被青睞的重要感。

3. 日常香水：找回從容的氣質（適合忙錄中找回平靜使用）

　　十一月的到來，表示又快接近一年的尾聲，辛苦忙錄了一年，是時候好好休息一下！第三種精油香水是「找回從容的氣質」，期望在這馨香之氣

中，幫助你以淡定、從容的態度，再次活出優雅的一年。

　　我們都希望能有從容的態度，面對生活中大小的事物。這款日常香水就像是音樂盒中優雅跳舞的女孩，具有「芳樟香調」悅人的木香，再添上「永久花香調」和「白玉蘭」活化的氣息，彷彿不再受到任何的限制，以典雅大方的氣質，舞出輕盈的動作。這款香水不僅是一種氣味，更是一段與自己獨處的寧靜時刻。

🌸 香水設計概念

「白玉蘭」是十一月的代表香氣，在調配三種主題精油香水時，都會使用到它。它的香氣揮發度是位於中調，這代表在香水配方表中，還需要前調和後調的原料。日本柚子、永久花、芳樟、西印度檀香是我選出與白玉蘭搭配的四種原料。

依香氣揮發度分類

- ◆ 前調：日本柚子、永久花
- ◆ 後調：芳樟、西印度檀香

如何使用這四種原料

為了使精油香水的氣味更細緻，我會先將上列四種精油以相同香氣揮發度去分類，兩兩一組創作出四種香調（各香調中，兩種精油的建議比例，請參考後面單元介紹）。四種香調如下：

- ◆ 前調香調NO.21：日本柚子香調（日本柚子＋永久花）
- ◆ 前調香調NO.22：永久花香調（永久花＋日本柚子）
- ◆ 後調香調NO.21：芳樟香調（芳樟＋西印度檀香）
- ◆ 後調香調NO.22：西印度檀香香調（芳樟＋西印度檀香）

四種原料的安排方式

我在原料的選擇上，會安排一種原料氣味較柔和（日本柚子100％、西印度檀香100％）、另一種則是比較強烈（永久花10％、芳樟100％），我發現這樣的組合在創作香調時，氣味比較好掌控。

接下來，四種香調會與稀釋的白玉蘭進行香氣測試，找出最適合的配搭組合（三種主題精油香水使用到的香調，請參考後面單元介紹）。

🌸 五種原料小檔案

編號	精油名稱	英文名稱	拉丁學名
51	白玉蘭	Magnolia Blossom	*Michelia alba*
52	日本柚子	Yuzu	*Citrus junos*
53	永久花	Immortelle	*Helichrysum italicum*
54	芳樟	Ho wood	*Cinnamomum camphor*
55	西印度檀香	Amyris	*Amyris balsamifera*

白玉蘭

英文	Magnolia Blossom	拉丁學名	*Michelia alba*
萃取方式	蒸餾	萃取部分	花朵
科別	木蘭科	主要化學成分	沉香醇（Linalool）
香氣家族	花香	香氣調性	中調

　　以蒸餾萃取自花朵的白玉蘭精油，主要的化學分子以沉香醇為主。你會不會跟我一樣聞到它的味道，覺得花香中帶有柔柔的木味，這木味正是來自沉香醇香氣分子的關係。白玉蘭精油的花香相當優雅，還有少許甜美果香味。我個人覺得，它是繼桂花原精後，另一種有「三味一體」的花香原料（甜果味、柔柔的花味、木味），而且它的價位門檻低，更容易入手。

　　來重溫一下白花香氣家族的成員，它們有「奶香味撲鼻的晚香玉原精」、「活潑少女的小花茉莉原精」、「老練的大花茉莉原精」、「白如雪的橙花公主」和「好說話的白玉蘭」。為什麼說白玉蘭精油「好說話」，因為它的氣味很隨和，根據我個人的經驗，它可以跟任何原料「共存」，有著能屈能伸的精神，能做氣味主角也能做配角。做配角時，還不時發揮助人的優點（修飾香水氣味中尖銳的味道），讓主角盡情的發光、發熱。講到「幫忙修飾氣味」的原料，在花香香氣家族中，白玉蘭精油是排行第二名，第一名是橙花公主！

日本柚子

英文	Yuzu	拉丁學名	*Citrus junos*
萃取方式	冷溫壓榨	萃取部分	果皮
科別	芸香科	主要化學成分	檸檬烯（Limonene）
香氣家族	柑橘	香氣調性	前調

　　冷溫壓榨萃取自果皮的日本柚子精油，氣味是柑橘香氣家族成員中最美、最輕柔的。在調香中，柑橘精油的用量平均來說會比花香、木香原料大許多，而日本柚子精油的價位又比其他柑橘精油貴很多，這也是為什麼，日本柚子沒有出現在九月「節慶香水NO.9：中秋節」配方中的原因之一。若將它與晚香玉原精、格陵蘭喇叭茶一起調合，這兩種已是高單價的原料，再加上日本柚子，香水本身就會變成氣味高貴，而價格太貴，調香時，也需要考慮到成本。

　　第二個原因，日本柚子（Yuzu）唸起來像是柚子，但它並不是中秋節吃的柚子，這時在「節慶香水NO.9：中秋節」的配方中改用甜橙精油，香水氣味反而更脫穎而出。

　　日本柚子精油的柑橘味，有種「清透感和穿透力」，與白玉蘭精油和十一月分其他原料共組香水時，能加倍烘托出愉悅的氣息。因此，我選擇日本柚子作為四種原料之一，來與十一月代表香氣──白玉蘭精油做搭配。

永久花

英文	Immortelle	拉丁學名	*Helichrysum italicum*
萃取方式	蒸餾	萃取部分	花朵
科別	菊科	主要化學成分	乙酸橙花酯（Neryl acetate）、義大利酮（Italidione）
香氣家族	果香	香氣調性	前調

　　蒸餾萃取自花朵的永久花精油，有一個重要的香氣分子——乙酸橙花酯，它賦予永久花精油有花卉和水果的香味。當看到永久花精油中含有乙酸橙花酯，通常會去猜想精油的氣味是否相像橙花的味道，我個人覺得它帶有溫暖的氣息，一點酸味，有些人說它帶有淡淡的玫瑰香氣，反倒沒有橙花的氣味。

　　依據我個人經驗，因永久花含有乙酸橙花酯的關係，它「搭上」任何一種花香原料，氣味都滿順的。我常在學生的配方中看到永久花搭配大馬士革玫瑰原精、晚香玉原精或是橙花，詢問後，他們都會說：「這樣味道接的很好」，我與學生們「氣味相投」呀！

　　關於永久花的氣味，我也曾聽過「蜂蜜味、龍眼乾、紅棗味」的形容，這應該是它含有義大利酮香氣分子的關係。如此多的氣味形容中，雖不都是水果味，但也給了我信心，進而將永久花精油歸為果香香氣家族，而不是花香香氣家族，期盼有機會能調配出精油版的「果香調香水」。因此我決定將永久花選作四種原料之一，來與十一月代表香氣——白玉蘭精油做搭配。

芳樟

英文	Ho wood	拉丁學名	*Cinnamomum camphor*
萃取方式	蒸餾	萃取部分	木質/葉片
科別	樟科	主要化學成分	沉香醇（Linalool）
香氣家族	木香	香氣調性	後調

　　市面上有兩種芳樟精油，廠商會將精油的名稱寫出：芳樟木或芳樟葉。本書中，我選的是以蒸餾萃取自木質的芳樟木精油，它具有高比例的沉香醇，略低於花梨木。如前面單元介紹的，芳樟（木或葉）精油是一支可以替代花梨木的選項。

　　在教學中，曾遇到極度不喜歡芳樟精油的學生，這時不需要勉強對方當下接受，因為接納一種香氣到不討厭它，進一步願意加它到配方中，就跟認識一個人的過程一樣，是需要時間的，當然，最後你有可能決定不跟這個人往來。但在調香的世界裡，我會鼓勵學生們先去嘗試，不要輕言放棄任何一種原料。

　　我個人有個很讚的領悟，我知道不少原料單聞時不太討人歡心，但只要選對夥伴，它將會以「穿上新衣」的形象站在你面前，你也會褪去對它舊有的印象（單聞時的氣味），它等著與你「共舞」一款動人的香味。「後調NO.21：芳樟香調」就是以這概念出發，在西印度檀香的輔佐下，它是一款悅「鼻」的香調。而「日常香水NO.11：找回從容的氣質」更是一款你不能錯失的香水！

西印度檀香

英文	Amyris	拉丁學名	*Amyris balsamifera*
萃取方式	蒸餾	萃取部分	木心
科別	芸香科	主要化學成分	纈草醇（Valerianol）、桉葉醇（Eudesmol）
香氣家族	木香	香氣調性	後調

　　西印度檀香的英文名稱是**Amyris**，也被稱為阿米香樹（直譯）。以蒸餾萃取自木心的西印度檀香精油，木香中散發出一層層甜感，鼻子敏銳的人會聞出近似柑橘果皮的味道。西印度檀香雖名為檀香，但它不是檀香科，而是芸香科的植物，嗅出它有柑橘果皮氣息的學生們或是香香友，真是厲害！畢竟它與柑橘原料們來自同一科別，多少帶有「自家人」的氣味特徵。

　　幾個來自學生們的氣味聯想，你可能從未聽過，例如：「酒的軟木塞、汽油味、青草味」，還有一個是你聽到或許會想喝一口的「沙士味」。各類的香氣聯想，激起我的好奇心，於是我將西印度檀香列為四種原料之一，來與十一月代表香氣──白玉蘭精油做搭配。

　　最後，我將書中介紹的三種檀香精油分為老、中、青三種，「老檀香」指的是東印度檀香，「中年檀香」是澳洲檀香，「青少年檀香」可想而知就是西印度檀香。「不同年齡層」的檀香，可以協助你在構思香水時，依據情境、氣味走向等，自由的選取！

製作四種香調

前調香調NO.21：日本柚子香調

- 香調配方：日本柚子100％＋永久花10％
- 主香氣：日本柚子
- 建議比例：3：1
- 轉換成滴數：15滴和5滴（總滴數20滴，在10ml滴管瓶中）
- 香調濃度：約10％

　　兩種原料的安排：香調中日本柚子氣味迷人，為了讓柑橘味多一些小變化，特別規劃永久花做它的夥伴，只使用10％濃度的永久花，是想在香氣中輕輕點綴一些果香感，也希望這款香調能輕易的跟花香、木味的原料做配搭。

前調香調NO.22：永久花香調

- 香調配方：永久花10％＋日本柚子100％
- 主香氣：永久花
- 建議比例：1：1
- 轉換成滴數：10滴和10滴（總滴數20滴，在10ml滴管瓶中）
- 香調濃度：約10％

　　兩種原料的安排：香調中兩種原料的滴數相同，但永久花只使用10％的濃度，它的氣味仍大於日本柚子。在這組合中，日本柚子柔美的柑橘味，「活化了」永久花沉悶的菊花味，少了潮濕、發霉的味道，很好聞！

後調香調NO.21：芳樟香調

- 香調配方：芳樟100％＋西印度檀香100％
- 主香氣：芳樟
- 建議比例：3：1
- 轉換成滴數：15滴和5滴（總滴數20滴，在10ml滴管瓶中）
- 香調濃度：10％

　　兩種原料的安排：香調中放大芳樟的氣味，在西印度檀香的輔佐下，兩種不同面向的木味，共譜出一款悅「鼻」的味道。

後調香調NO.22：西印度檀香香調

- 香調配方：西印度檀香100％＋芳樟100％
- 主香氣：西印度檀香
- 建議比例：3：2
- 轉換成滴數：12滴和8滴（總滴數20滴，在10ml滴管瓶中）
- 香調濃度：10％

　　兩種原料的安排：香調中特意加大西印度檀香的香味，但它「太年輕」了，於是加入芳樟來協助，使得香調的味道多了一些不同的樹林感，青春木味中也不會過於「輕浮」。

🌸 節慶香水NO.11：感恩節

白玉蘭絲滑清新的花香，融和「芳樟香調」的木味，是一種熟悉的味道。細緻而持久的香味，令聞到的人不只嘴角輕輕上揚，臉上也泛起淡淡的笑容。

香水配方表：香水氣味主題——花香調（白玉蘭）

香調	原料名稱	a 起始滴數	b 增加滴數	c 滴數總合 a＋b	d 乘10倍 c*10	e 細修	f 總滴數 d＋e	g 放大2倍
前調	日本柚子香調 ÷10%	1	＋1	2	20		20	40
中調	白玉蘭 5%	2		2	20	＋2	22	44
後調	芳樟香調 10%	1		1	10		10	20

香水濃度÷7.87%（淡香水EDT）　　52滴＋104滴＝156滴（約3.9ml）

🌿 祝福小語

要常常喜樂，不住地禱告，凡事謝恩。

（帖撒羅尼迦前書5：16-18）

生日香水NO.11：十一月壽星專屬禮物

「西印度檀香香調」平易近人的木頭香氣中，流露出一縷甜香味，花香與柑橘味以輕柔的姿態共存於香氣中，賦予香水一種穩定卻不失華麗感。

香水配方表：香水氣味主題——木質調（西印度檀香香調）

香調	原料名稱	a 起始滴數	b 增加滴數	c 滴數總合 a＋b	d 乘10倍 c*10	e 細修	f 總滴數 d＋e	g 放大2倍
前調	日本柚子香調 ÷10%	1		1	10		10	20
中調	白玉蘭 5%	1		1	10		10	20
後調	西印度檀香香調10%	1	＋1	2	20		20	40
	西印度檀香 10%					＋2	2	4
	香水濃度÷8.8%（淡香水EDT）						42滴＋84滴＝126滴（約3.2ml）	

祝福小語

疲乏的，他賜能力；無力的，他加力量。

（以賽亞書40：29）

日常香水NO.11：找回從容的氣質

「芳樟香調」的木香與白玉蘭花味相聚時，可說是趨近完美的味道，木香中有花味，細細品味花香時，洋溢出淺淺「永久花香調」的菊花風味，氣味從容不迫的轉變中。

香水配方表：香水氣味主題——木質調（芳樟香調）

香調	原料名稱	a 起始滴數	b 增加滴數	c 滴數總合 a+b	d 乘10倍 c*10	e 細修	f 總滴數 d+e	g 放大2倍
前調	永久花香調 ÷10%	1		1	10		10	20
中調	白玉蘭 5%	1		1	10		10	20
後調	芳樟香調 10%	1	+1	2	20		20	40
	芳樟 10%					+3	3	6
	香水濃度÷8.82%（淡香水EDT）							43滴＋86滴 =129滴 （約3.2ml）

祝福小語

得救在乎歸回安息，得力在乎平靜安穩。

（以賽亞書30：15）

Natural Ingredients

12月 November

Palmarosa
香氣代表：玫瑰草

玫瑰草的名字中，雖有玫瑰二字，但它跟玫瑰是不同科別的植物，外型上也差別甚大。萃取自葉片（有人說它的外型像雜草）的玫瑰草精油，卻有近似玫瑰的氣味（與玫瑰精油或原精相比，它微帶草根氣息），許多人將它當成玫瑰原料的「替身」。

當玫瑰草「從地上被高舉起來」，從平凡轉為高貴，這是它榮耀的時刻，值得為它歡呼、讚美，而每個人也都感到歡喜和快樂。

這時刻，也讓我想到每年的聖誕節期間，教會會以戲劇演出耶穌降生在馬槽裡的故事情節，來紀念耶穌的降生。縱然馬廄在那時是環境不太好的地方，但並不貶低耶穌的地位，最後耶穌被上帝高舉到天上，獲得最高的認可。試問哪支精油也可以擁有這平凡中的高貴，非玫瑰草莫屬！我一定要將它選作十二月分的代表香氣。

🌸 三種主題精油香水的香氣氛圍

1. 節慶香水：聖誕節

每年十二月，大街小巷都會掛上聖誕裝飾，充滿著聖誕節的儀式感。聖誕節原是基督教紀念耶穌降生的重要節日，隨著時代變化，聖誕節已成為全世界普天同慶的日子。這款極富歡慶的「聖誕節節慶香水」，願在香氣中，帶給人們滿載的愛和歡笑！

叮叮噹，一年中最歡樂的節慶又來了，眾人們被一閃一閃的聖誕燈照亮了心窩。這款節慶香水就像一場聖誕派對，內含「玫瑰草」近以高貴玫瑰的花香，還有「綠苦橙香調」和「歐白芷根香調」的搭檔，宛如把聖誕節歡欣鼓舞的氣氛炒到最高點。這不僅僅是一款香水，更是傳遞愛、平安以及最美的祝福。

2. 生日香水：十二月壽星

第二種精油香水是特別為十二月壽星準備的禮物，除了專屬的香水配方，還有祝福小語，讓壽星備受尊榮。你也可以將這份禮物，送給十二月生日的壽星，如此用心的禮物，對方會記得你的心意。

十二月壽星是個腳踏實地、行事也很低調的人。這款生日香水滿溢「沒藥香調」少有的皮革味，接續「綠苦橙香調」青澀的果皮香和「玫瑰草」花中有草的香氣，塑造出一種沉著、不慌張的氛圍。它不僅是對壽星的祝福，更是一種對他們人格的讚揚，讓他們在生日當天感受到主角換他們當的光榮感。

3. 日常香水：增添生活的歡樂（適合歡喜、快樂的過日子）

十二月的聖誕節後緊接而來的就是跨年，在一連串熱鬧的節慶活動中，與家人、愛人、友人相伴一起渡過，真是再好不過了！第三種精油香水是「增添生活的歡樂」，期許在這馨香之氣中，讓我們拍掌、跳舞，大聲歡呼，將心中的憂愁都化為喜樂，每一位都被喜樂大大的環繞著。

我們都在追求快樂，活出更精采的人生。這款日常香水就像是一個開心小物，舒緩你的壓力、解解你的煩悶。它融入「快樂鼠尾草香調」悠然的茶韻，再配上「玫瑰草」和「歐白芷根香調」根植大地的香氣，好似安撫躁動的心，以歡喜的方式，找回對生活的熱忱。這款香水不僅是一種氣味，更是一個增添生活樂趣的補充品，讓你開心迎接嶄新的一天。

香水設計概念

「玫瑰草」是十二月的代表香氣，在調配三種主題精油香水時，都會使用到它。它的香氣揮發度是位於中調，這代表在香水配方表中，還需要前調和後調的原料。綠苦橙、快樂鼠尾草、沒藥、歐白芷根是我選出與玫瑰草搭配的四種原料。

依香氣揮發度分類

- 前調：綠苦橙、快樂鼠尾草
- 後調：沒藥、歐白芷根

如何使用這四種原料

為了使精油香水的氣味更細緻，我會先將上列四種精油以相同香氣揮發度去分類，兩兩一組創作出四種香調（各香調中，兩種精油的建議比例，請參考後面單元介紹）。四種香調如下：

- 前調香調NO.23：綠苦橙香調（綠苦橙＋快樂鼠尾草）
- 前調香調NO.24：快樂鼠尾草香調（快樂鼠尾草＋綠苦橙）
- 後調香調NO.23：沒藥香調（沒藥＋歐白芷根）
- 後調香調NO.24：歐白芷根香調（歐白芷根＋沒藥）

四種原料的安排方式

我在原料的選擇上，會安排一種原料氣味較柔和（快樂鼠尾草100％、沒藥100％）、另一種則是比較強烈（綠苦橙100％、歐白芷根10％），我發現這樣的組合在創作香調時，氣味比較好掌控。

接下來，四種香調會與稀釋的玫瑰草進行香氣測試，找出最適合的配搭組合（三種主題精油香水使用到的香調，請參考後面單元介紹）。

🌸 五種原料小檔案

編號	精油名稱	英文名稱	拉丁學名
56	玫瑰草	Palmarosa	*Cymbopogon martinii*
57	綠苦橙	Bitter Orange, Green	*Citrus aurantium*
58	快樂鼠尾草	Clary sage	*Salvia sclarea*
59	沒藥	Myrrh	*Commiphora myrrha*
60	歐白芷根	Angelica Root	*Angelica archangelica*

玫瑰草

英文	Palmarosa	拉丁學名	*Cymbopogon martinii*
萃取方式	蒸餾	萃取部分	葉片
科別	禾本科	主要化學成分	牻牛兒醇（Geraniol）、乙酸牻牛兒酯（Geranyl acetate）、沉香醇（Linalool）
香氣家族	花香	香氣調性	中調

以蒸餾萃取自葉片的玫瑰草精油，主要的化學分子是牻牛兒醇、乙酸牻牛兒酯，兩種香氣分子都有柔美的玫瑰味。

在一月分節慶單元，曾提到「親民版的玫瑰」是波旁天竺葵精油，如以氣味為出發點，波旁天竺葵和玫瑰草兩種精油都可作為玫瑰的代替原料。若是考量價格，我覺得玫瑰草精油更適合當作「玫瑰的分身」。

玫瑰草精油具有微小的牻牛兒醛（Genarial），一些同學會聞到相像檸檬草的味道，耐人尋味的是檸檬草與玫瑰草同是禾本科的植物，這應該是人家常說的有血緣關係的親屬、長得相像的意思，這道理也存在於精油的世界裡。

對於玫瑰草精油，我腦中從未有「茶味」的聯想，某次聽完學生的分享，翻轉我對玫瑰草味道的印象。「日常香水NO.12：增添生活的歡樂」，是一款以茶香調為主的香水，我決定加入幾滴玫瑰草做個新穎的嘗試。玫瑰草的氣味沒有搶走香水主香氣（快樂鼠尾草），反而串起整款香水的茶感，是個「茶相會」的概念。

綠苦橙

英文	Bitter Orange, Green	拉丁學名	*Citrus aurantium*
萃取方式	冷溫壓榨	萃取部分	果皮
科別	芸香科	主要化學成分	檸檬烯（Limonene）
香氣家族	柑橘	香氣調性	前調

　　綠苦橙精油是以冷溫壓榨，萃取自未成熟苦橙的果皮，這時果皮的顏色是青綠色，它的氣味與苦橙精油相近。我個人覺得綠苦橙精油的味道有一點點塑膠味，比苦橙多一些果皮青澀感。

　　講到「果皮青澀味」，在柑橘香氣家族成員中，還有綠檸檬、綠桔、佛手柑，也給人這種氣味氛圍。這個「果皮青澀味」的氣味特徵，也讓不少學生會聯想到：「相似皮件味」。真是太棒了，又可以為「氣味資料庫」加增一筆新的氣味形容。

　　不少人嗅到綠苦橙精油有微微的苦感，但沒有苦橙葉那麼明顯，也會有人說它相似橙花的氣息。剛剛提到的這些關於綠苦橙精油味道的敘述，讓我想試試看，當它與十二月代表香氣──玫瑰草精油和其他的三種原料搭配時，能為香水添入什麼「新色彩」。

快樂鼠尾草

英文	Clary sage	拉丁學名	*Salvia sclarea*
萃取方式	蒸餾	萃取部分	整株藥草
科別	唇形科	主要化學成分	乙酸沉香酯（Linalyl acetate）、沉香醇（Linalool）
香氣家族	草本（細分：茶香）	香氣調性	前調

　　以蒸餾萃取自整株藥草的快樂鼠尾草精油，可說是調製「茶香調香水氣味主題」的「元老級」原料。為什麼說它是「元老級」的茶香原料，因為它是「CNP天然精油香水師認證課程」初階班，首支被提到帶有茶味的原料，價格不貴也容易取得。

　　我記憶猶新的氣味聯想中，關於茶味的還有「鐵觀音、伯爵茶、南非國寶茶」，這些都是學生們敏銳鼻子嗅聞下的答案。順帶一提，另有兩種優秀的茶香原料：格陵蘭喇叭茶和瑪黛茶原精，它們的茶味，依據我個人的經驗可以分別朝向：奶茶和紅茶發展。

　　快樂鼠尾草是我所選四種原料之一，我想仰賴快樂鼠尾草的茶香，與另外三種原料和十二月代表香氣——玫瑰草精油，締造出歡樂、愉悅的氣息。

沒藥

英文	Myrrh	拉丁學名	*Commiphora myrrha*
萃取方式	蒸餾	萃取部分	樹脂
科別	橄欖科	主要化學成分	欖香烯（Elemene）、α-古巴烯（α-Copaene）
香氣家族	香脂	香氣調性	後調

　　以蒸餾萃取自樹脂的沒藥精油，是創作「皮革調香水氣味主題的」的「必備原料」。使用精油、原精來調配香水時，想調出一款「皮革調香水」和前面單元提到的「果香調香水」，是有一定難度的，因為原料上很難做出滿足鼻子的味道。

　　在多年教學中，我發現許多人嗅聞沒藥精油時會出現的氣味形容，排名第一名的竟然是「塑膠味」。再加上我曾聞到精品品牌YSL，有一款高級訂製香水，它的名字叫：「前衛漆皮」，就是以沒藥氣味為主的香水。

　　這些資訊給了我有無比的信心，我相信利用沒藥特有的塑膠味和有點油漆感，嘗試創作出「精油界高質感、帶塑膠味的皮革調香水」，不再是難事（請參考「後調香調NO.23」，和「生日香水NO.12」）。其他關於沒藥精油的氣味形容還有「苦味、藥酒味、中藥味、西藥味、龜苓膏和無糖燒仙草」，一併提供你參考。

歐白芷根

英文	Angelica Root	拉丁學名	*Angelica archangelica*
萃取方式	蒸餾	萃取部分	根部
科別	繖形科	主要化學成分	α-松油萜（alpha-Pinene）、δ3-蒈烯（delta-3-Carene）、檸檬烯（Limonene）
香氣家族	鄉野	香氣調性	前調

　　以蒸餾萃取自根部的歐白芷根精油，很有大地的氣息。曾有學生們提及它相似胡蘿蔔籽精油的味道，若細看這兩種精油，它們都是繖形科的植物，也是鄉野香氣家族的成員（相近大地、土壤、泥土味），會令他們有這樣的氣味聯想，似乎滿合理的。

　　曾有一段時間，我對歐白芷根精油有些排斥，從未將它加入購物清單中，更不用說列入教學的精油品項。因為許多關於這款精油的文字介紹，都有提到它有當歸或是中藥味，細數手邊使用的精油品項，已滿多原料有這樣的氣味走向，自然就不會想再添購一支。

　　為了要實踐自己說的：「大膽嘗試新原料」，後來決定將它入手。話說回來，它的氣味令我驚豔，又是一支可以指望它引領出「皮革調香水氣味主題」的「必備原料」。更吸引我「鼻」光的是，它的味道中會散發相似黃葵的麝香味！這是因為它含有微量的環十五內酯（Cyclopentadecanolide）。

　　對了，歐白芷根的種名是：Archangelica，有「大天使」的意思。我個人覺得，它與我們的距離不遠，因此我綜合它的種名、香氣家族和氣味，稱它為「地上的大天使」。我也創作出一款「歐白芷根香調」，並用在「節慶香水NO.12：聖誕節」中，為香水主氣味──玫瑰草，締造更多聖誕節慶的氣氛。

🌸 製作四種香調

前調香調NO.23：綠苦橙香調
- 香調配方：綠苦橙100％＋快樂鼠尾草100％
- 主香氣：綠苦橙
- 建議比例：4：1
- 轉換成滴數：16滴和4滴（總滴數20滴，在10ml滴管瓶中）
- 香調濃度：10％

　　兩種原料的安排：香調中綠苦橙的味道是主香氣，為了讓柑橘味多一些不同性，進而安排快樂鼠尾草與它共組一款香調，這是一個充滿柑橘、微綠葉香的香味。

前調香調NO.24：快樂鼠尾草香調
- 香調配方：快樂鼠尾草100％＋綠苦橙100％
- 主香氣：快樂鼠尾草
- 建議比例：3：2
- 轉換成滴數：12滴和8滴（總滴數20滴，在10ml滴管瓶中）
- 香調濃度：10％

　　兩種原料的安排：香調中稍微加大快樂鼠尾草的味道，使得它的茶香中仍帶有柑橘味，這是一款調配「茶香調香水氣味主題」，不可缺少的原料。

後調香調NO.23：沒藥香調

- 香調配方：沒藥100％＋歐白芷根10％
- 主香氣：沒藥
- 建議比例：3：2
- 轉換成滴數：12滴和8滴（總滴數20滴，在10ml滴管瓶中）
- 香調濃度：約10％

　　兩種原料的安排：香調中的兩種原料都是締造「皮革調香水氣味主題」的「必備原料」，因歐白芷根價位較高，因此調整它的濃度為10％。香調的氣味中可以聞到一丁點漿果感的皮件味。

後調香調NO.24：歐白芷根香調

- 香調配方：歐白芷根10％＋沒藥100％
- 主香氣：歐白芷根
- 建議比例：3：1
- 轉換成滴數：15滴和5滴（總滴數20滴，在10ml滴管瓶中）
- 香調濃度：約10％

　　兩種原料的安排：香調中只用10％濃度的歐白芷根，原因是它的氣味高昂，不用稀釋到太高濃度就能聞到它特有的大地、泥土味。沒藥的存在協助了歐白芷根的味道向下發展，加強抓地力。這款香調的尾韻有相似黃葵精油的麝香味。

節慶香水NO.12：聖誕節

玫瑰草微酸的花香中略帶草味，「綠苦橙香調」也來湊熱鬧，讓香水滿載歡樂的氣氛。香味轉入尾韻時，「歐白芷根香調」的類麝香味開始浮現出來，香水香氣更顯質感。

香水配方表：香水氣味主題——花香調（玫瑰草）

香調	原料名稱	a 起始滴數	b 增加滴數	c 滴數總合 a+b	d 乘10倍 c*10	e 細修	f 總滴數 d+e	g 放大2倍
前調	綠苦橙香調 10%	1		1	10	-	10	20
中調	玫瑰草 10%	1	+1	2	20	-	20	40
後調	歐白芷根香調 ÷10%	1		1	10	-	10	20
	香水濃度÷10%（淡香水EDT）						40滴＋80滴 =120滴 （約3ml）	

祝福小語

在至高之處榮耀歸於上帝，在地上的平安歸於他喜悅的人。

（路加福音2：14）

🌸 生日香水NO.12：十二月壽星專屬禮物

「沒藥香調」的苦感和少見的皮革味是這款香水的主角，玫瑰草的草味與「綠苦橙香調」青澀的果皮味，不只為香氣添入些許的亮光，也微微修飾掉沒藥的苦味，使得香水味道更耐聞。

香水配方表：香水氣味主題──皮革調（沒藥香調）

香調	原料名稱	a 起始滴數	b 增加滴數	c 滴數總合 a+b	d 乘10倍 c*10	e 細修	f 總滴數 d+e	g 放大2倍
前調	綠苦橙香調 10%	1		1	10	+1	11	22
中調	玫瑰草 1%	1		1	10		10	20
後調	沒藥香調 ÷10%	1	+1	2	20		20	40
後調	沒藥 10%					+1	1	2
	香水濃度÷7.83%（淡香水EDT）						42滴＋84滴=126滴（約3.2ml）	

🫐 祝福小語

他必使你作首不作尾，居上不居下。

（申命記28：13）

🌸 日常香水NO.12：增添生活的歡樂

「快樂鼠尾草香調」的茶香、綠葉味，與「歐白芷根香調」交織出乾燥且顯著的茶香調香水的味道。玫瑰草在配方中雖只加入低濃度的幾滴，仍有柔柔的酸味「串流」在茶味中。

香水配方表：香水氣味主題——茶香調（快樂鼠尾草香調）

香調	原料名稱	a 起始滴數	b 增加滴數	c 滴數總合 a+b	d 乘10倍 c*10	e 細修	f 總滴數 d+e	g 放大2倍
前調	快樂鼠尾草香調10%	1	+1	2	20	+2	22	44
	快樂鼠尾草1%					+1	1	2
中調	玫瑰草1%	1		1	10		10	20
後調	歐白芷根香調÷10%	1		1	10	+1	11	22

香水濃度÷7.74%（淡香水EDT）

44滴＋88滴＝132滴（約3.3ml）

🫐 祝福小語

我的心歡喜，我的靈快樂；我的肉身也要安然居住。

（詩篇16：9）

Natural Ingredients

36種香水配方發想四面向

這十幾年的教學生涯中，我遇到許多學生，並將他們歸類為兩種類型：「理性型」和「感性型」。對於感性型的學生們，他們在氣味聯想上往往有更豐富的感受，能快速地說出各種生動的形容詞，例如：泥土味、潮濕感、像冰淇淋、很溫暖等。他們在調香時，多半會以原料間的氣味搭配作為考量依據，這也是大家常見的調香方式。

相對而言，理性型的學生在氣味聯想上可能不如感性型學生那般豐富，這時就需要給他們更明確的指引。我會著重於香氣分子上的說明，引導他們了解如何選擇原料，使彼此間的搭配更協調、好聞。例如，A原料中含有主要的某個香氣分子，其氣味特徵是柔和的水果香，若將A原料與含有相同香氣分子的B原料搭配，或者選擇C原料，它所含的香氣分子（例如：富含柔美的白花氛圍）與A原料的柔和水果味的香氣分子相輔相成。在這兩種不同的思考下，它們結合後所呈現的氣味會特別「順鼻」，這就是「氣味連結」的概念。

為此，我也開始思考如何為發想配方提供一個更明確的大方向。一位老朋友建議我去看《聖經》，因為裡面有著無比豐富的知識。我從「四福音」的四個面向得到啟發，並將其「細細品味、消化後」，重新詮釋為我在教學和調香時經常考量的四個方向，分別是：「以氣味出發」、「參考和學習」、「以植物觀點出發」、「以香氣分子出發」。我相信這四個方向可以協助大家在學習調香的道路上走得更順利。本書36種精油香水配方的發想，也源自這四個面向！

香水配方發想的四大面向：

◇第一面向：「以氣味出發」

以「香水氣味主題的主香氣」為核心，選擇氣味好搭配的原料，共組一款香水。

※範例：如同第57、59、72、73、86、87、88、119、120、136、152、182、183、198、199、200、215、232頁的香水配方。

◇**第二面向:「參考和學習」**
從日常飲食、用品的配方中汲取靈感,選擇合適原料,創作一款香水。
※範例:如同第頁118、151、200、231頁的香水配方。

◇**第三面向:「以植物觀點出發」**
從「香水主題的原料」的花型、顏色、生長環境或象徵意義出發,選擇搭配原料,調配出富含植物特性的一款香水。
※範例:如同第58、104、118、166、168、230頁的香水配方。

◇**第四面向:「以香氣分子出發」**
運用「氣味連結」概念,選出具有相同或相近香氣分子的原料,或選擇原料中含有氣味柔順的香氣分子,讓香氣更圓潤。
※範例:如同第71、102、103、134、135、150、167、184、214、216頁的香水配方。

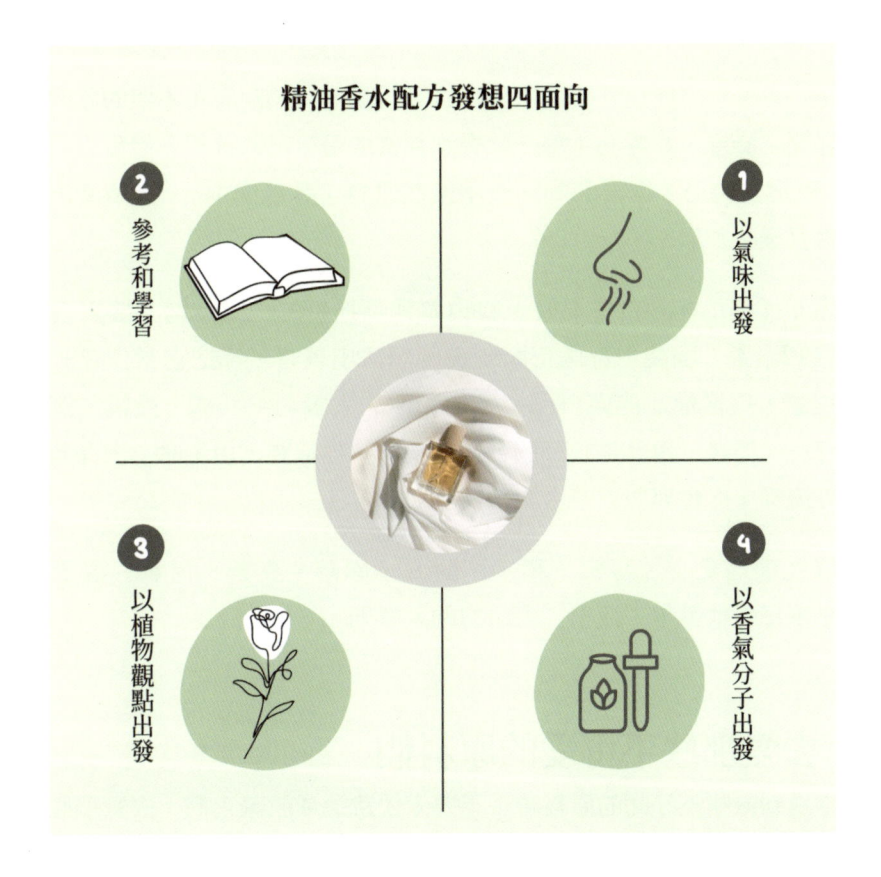

精油香水配方發想四面向

2. 參考和學習
1. 以氣味出發
3. 以植物觀點出發
4. 以香氣分子出發

後記 · Postscript

🌿 調香師九大準則

　　香氣的世界又大又廣，一款香水的誕生是由調香師付出無限的腦力、體力和鼻力，所結出的「果子」。

　　這「果子」之所以好聞，中間包含調香師無比的耐心（不停的修改氣味直到好聞、滿意）和愛心（每一款香水都當成是自己的孩子，用愛去呵護它們），更重要的是，懂得節制的使用某些原料（計算成本），接續產出讓人聞到會喜樂的香氣。

　　你知道嗎？在調合香氣時，我也會遇到挫折的，這時勢必要對自己多點恩慈和溫柔。腦袋中每個正面或負面想法出現時，都把它當作是一個良善的提議，這樣你才能與自己、鼻子和你的大腦和平共處。最後，調香師的操守──信實，也就是說每個合作的配方，你都要「用生命」去保護它，不能外流呀（你會與對方簽合約，保護彼此）！

　　這九項：愛心、喜樂、和平、耐心、恩慈、良善、信實、溫柔、節制，是讓每一款香水「活出」生命力的大準則。

🌿 去愛那些不可愛的原料們

　　當遇到氣味不好聞的原料時，不要太快跳過或放棄它們，去愛那些「不

可愛」的原料們，你的調香功力才會大增。十多年教學中，我找到了一個解決的方式，就是將氣味過重的精油、原精，稀釋到1％的濃度或更低，你就能「無後顧之憂」的用它，大顯身手創造出驚世之作。

「氣味資料庫」建立的重要性

勇於嘗試原料，細心記錄每加一滴的氣味變化，這是我在初階課程中，一直提醒學生們的基礎工法。

每一種原料就像每一個人，有著獨特的個性，記錄它們氣味的特點、特徵，可以幫助你在找尋原料、修改氣味時，省下大量的時間。建立起自己的「氣味資料庫」，隨時更新、修改資料庫中的資料，你會迅速從新手等級，晉級到玩家等級。本書和《精油香水新手實作課》中，有眾多原料的氣味敘述，能幫助你順利踏進香氣的「花花世界」。

精油香水配方──九大攻略

如何讓自己記住這麼多原料的氣味,還有,那麼多的精油香水配方是怎麼來的呢?我將書中所提到的方法,整理如下:

(一)「頭腦與鼻子」的連結訓練

在嗅聞某種原料時,可以試著形容所聞到的氣味,或是你想到什麼產品,又或是它像什麼用品、食品等。舉例:在介紹花梨木精油時,會會有「香菜」的答案出現,而在介紹芫荽籽精油時會跑出「好像花梨木」的答案。這是鼻子和頭腦,彼此正在適應中,開始分類哪些原料的味道相似,甚至會思索,誰與誰組合在一起是適合的。

(二)自問自答的練習

我以胡蘿蔔籽精油來舉例,若你跟我一樣覺得它帶有「口紅味」,這時你不確定它可以跟哪種原料搭配,你可以將你覺得可能的答案在腦中列出或是寫下來,「自問自答的練習」不一定是要大聲說出來。舉例:胡蘿蔔籽精油與濃豔的花香原料們搭配合宜嗎?他有「無糖波蜜果菜汁」的氛圍,那它能不能與「菜味、葉子味或是茶香味」的原料配對呢?

(三)想法是需要行動的

行動是「自問自答的練習」的下一步。有了這些想法後,我會馬上拿出原料們,在小空瓶或水彩盤中測試。這動作是你搜集到「好聞的組合」、「好怪的搭配」的開始,這些記錄都是你調香的祕密武器。

(四)從飲品、茶品來的想法

我以檸檬精油為例,飲品中常加添檸檬味道,廠商會強調清爽,解渴,不甜膩。這三項是在在調香時,很棒的參考指針。

（五）從甜點發想

我以維吉尼雪松精油為例，有學生聞到它的氣味後，給出令人垂涎三尺的答案：「核桃派」。我腦中立馬想著，加點錫蘭肉桂或許是個大賣的「肉桂核桃派」。如想再與眾不同些，加入一絲絲桂花原精，成為令人食指大動的「肉桂核桃桂花蜜捲」。

（六）從植物花型、顏色、生長環境等著手

在選原料時，我不只從氣味下手，有時也會從植物花型、顏色、香氣、生長環境、英文、拉丁學名、別名等來著手，甚至在商業香水或化妝品中會出現此香氣（原料）的意義，也會列入考量的選項中。

本書十二個月分，每一個月分都有一種代表性的香氣（精油、原精），我就是以這些方向構思而來的。

（七）大膽嘗試、跳出框架

調香時，需要多方嘗試各類原料的組合，如發現自己很常使用某幾種原料時，要提醒自己再大膽一點，跳出框架去思考配方中原料的搭配。

舉例：「前調香調NO.7：佛手柑香調」是一款由佛手柑和綠薄荷兩種精油組合而成的香調。其實我很少會選用薄荷原料，更不用說只有微微的薄荷味道的香調，都不太可能出現在我的香水配方中。但這次我逆向操作，將這款香調與橙花精油搭配，沒想到出來的結果深得我心（請參考「節慶香水NO.4：世界地球日」）。

（八）研究商業香水，現在流行什麼氣味

我以聞到精品品牌YSL為例，它們有一款高級訂製香水叫「前衛漆皮」，這是一款以沒藥氣味為主的香水。這全新的想法，激起我嘗試將沒藥做為主香氣，先調配出「沒藥香調」，再進一步調出「皮革調」氣味主題的香水。

（九）參考化學分子來選原料

我將這項放在最後介紹，原因是許多學生對化學分子不太熟悉，沒問題的，可以先跳過這部分。如果你認識精油、原精中所含的化學分子，你就可以將它列入設計配方時的參考資料。

先帶大家複習書中提及的「氣味連結」的觀念，它是指在配方中，若原料間具有相同香氣分子（化學分子），氣味的銜接度通常會格外順暢，達成漂亮、圓滑、順「鼻」的香水的機會更大。

舉例：苦橙葉精油中含有少量的乙酸橙花酯（Neryl acetate），它是帶領橙花精油體現花香和水果味的重要香氣分子。除此之外，苦橙葉精油中還有乙酸沉香酯、沉香醇這兩個香氣分子。而同時擁有這兩種香氣分子的精油，我大致整理如下：苦橙葉、橙花、香蜂草、佛手柑、快樂鼠尾草、真正薰衣草、醒目薰衣草、墨西哥沉香等精油。

在選原料時，加入「氣味連結」的概念，這時可以選（前調）苦橙葉＋（中調）橙花＋（後調）墨西哥沉香。原料間因含有乙酸橙花酯、沉香醇，以及乙酸沉香酯這三種香氣分子的關係，使得產出的香水味道，圓滑且順「鼻」，這就是所謂「氣味連結」的意思。

謝辭
Thanks

🍃 我的感謝

　　第一本書《精油香水新手實作課》到第二本書《夢幻香水．精油調香課》相隔二年多的時間。這段時間，陸續收到來自香港、澳門、中國、新加坡、馬來西亞等地讀者的來信。信中除了詢問書中不懂的部分，也給予我很多鼓勵，更展現出他們對精油香水濃厚的興趣，讓走在精油香水教學路上的我，感到很欣慰。

　　這二年來，「CNP天然精油香水師認證課程」，不只成功轉為線上課，也進入國際化。轉型前的準備和教案的轉換，可說是相當耗費精力與時間。但看到許多臺灣外縣市的學生，不再被上課地點局限和更多海外學生（來自香港、澳門和中國）的加入，一切的辛苦都很值得。線上教學的啟動，更是為喜愛精油香氣的香香友們，開啟了無限制的學習機會。

　　有句話說「十年磨一劍」，因著十多年教學的成績，我很榮幸能將獨創的「先創作香調、再調配精油香水」的獨創調香方式整理成書出版。第一本書《精油香水新手實作課》的誕生，充滿著上帝無限的恩典。因為有學生們、國內、海外讀者的支持，還有大樹林出版社對我的認同，讓我有了寫第二本書的機會。在寫作的過程中，也因為有第一本書的經驗，這次順利很多。

　　在全部交稿後，我必須要說，主編「神來一筆」的建議，讓我站在讀者的角度，整合出36種主題香水，方便讀者在不同心情和情境下選擇香水，並且和我送給讀者的祝福小語連結在一起。現在，「三種主題精油香水的香氣

氛圍」這個小單元更為完善了。在這個過程中，我體驗到聖經中的一句話：「萬事互相效力」，一本書的完成，不只是作者一個人，更是一個團隊的合作。

這本書的誕生，要感謝很多人！謝謝家人的支持，感謝出版社總編Johnny和主編Poppy的辛勞，還有教會小組弟兄姐妹們，不停的為我在寫作的過程和書籍順利出版禱告，以及教會創意媒體部芳郁姐的鼓勵。最後，將最大的榮耀歸於我們在天上的阿爸天父。

我的願景

我的願景，我將它分成三個部分：

第一個願望

我期望我能寫一本「365種精油香水」，讓每一位讀者每一天可以依自己喜愛的味道，自由「穿搭」氣味。而每一款精油香水，都有一篇來自聖經中的祝福小語，目的是使這份來自大自然的馨香之氣，強而有力且不間斷的綻放。

第二個願望

所謂「學無止境」，在調香的世界裡也是如此，香氣的學習是沒有盡頭的。期許自己不斷的練習，跳出更多已有的框架，嘗試和找尋更多稀有的原料（精油、原精、CO_2原料），創作出鼻子沒有聞過的香水味道。

第三願望

2016年起，我開辦一個「香」前行計畫，目標是前進到校園、企業（員工福利）和政府機構，分享精油香水的美好。至2024年，我已執行了九年，進到多所大學、學生社團，也在企業和政府的邀請下，持續推廣在生活中使用精油的好處，而福音種子計畫也慢慢發芽中。

種種的一切，如同植物生長般，已探出枝頭且持續「成長」，枝條會探出牆外，陸續結出美好的果子。期待有機會與大家更新更多的進展。

國家圖書館出版品預行編目(CIP)資料

夢幻香水.精油調香課：一瓶香水只需5種精油,掌握60種精油實作技巧,調配36種高級香氣/張君怡著. -- 初版. -- 新北市：大樹林出版社, 2025.05
　面；　公分. -- (自然生活 ; 64)
ISBN 978-626-7592-10-6（平裝）

1.CST: 香水 2.CST: 香精油

466.71　　　　　　　　　　　　　　114001355

書系／自然生活 64

夢幻香水・精油調香課

一瓶香水只需 5 種精油，掌握 60 種精油實作技巧，調配 36 種高級香氣

作　　者／張君怡
總 編 輯／彭文富
主　　編／黃懿慧
校　　對／邱月亭、楊心怡（@amber_editor_studio）
封面設計／Ancy Pi
排　　版／菩薩蠻數位文化有限公司
出 版 者／大樹林出版社
營業地址／23357 新北市中和區中山路 2 段 530 號 6 樓之 1
通訊地址／23586 新北市中和區中正路 872 號 6 樓之 2
電　　話／(02) 2222-7270　　傳　　真／(02) 2222-1270
E－m a i l／editor.gwclass@gmail.com
官　　網／www.gwclass.com
Facebook／www.facebook.com/bigtreebook

發 行 人／彭文富
劃撥帳號／18746259　　戶名／大樹林出版社
總 經 銷／知遠文化事業有限公司
地　　址／22203 深坑區北深路三段 155 巷 25 號 5 樓
電　　話／02-2664-8800　　傳　　真／02-2664-8801
初　　版／2025 年 05 月
定　　價／600 元　　港幣／200 元
Ｉ Ｓ Ｂ Ｎ／978-626-7592-10-6

版權所有，翻印必究　Printed in Taiwan
◎本書如有缺頁、破損、裝訂錯誤，請寄回本公司更換。
◎本書為彩色印刷的繁體正版，若有疑慮，請加入 Line 或微信社群。

大樹林學院
www.gwclass.com

最新線上課程
公布於以下官方網站

大树林学苑—微信

課程與商品諮詢

大樹林學院 — LINE

回函贈品

掃描 Qrcode，填妥線上回函完整資料，即有機會抽中獎品：
「芳療家-好豐盛複方精油 15g」（價值 NT$600）。

★中獎名額：共 3 名。

★活動日期：即日起～2025 年 08 月 01 日止

★公布日期：2025 年 08 月 04 日會以 Email 通知中獎者。中獎者需於 7 日內用 Email 回覆您的購書憑證照片（訂單截圖或發票照片）方能獲得獎品。苔 08月 08 日前未收到回覆，視同放棄。

★一人可抽獎一次。

★本活動限台灣本島寄送，無法寄離島、國外。

★出版社保有最終修改權利。

贈品介紹

芳療家-好豐盛複方精油 15g

§ 用香氣打開限制性信念

§ 提升親切、可愛、隨和、接地、熱情

§ 讓世界的豐盛更容易被吸引進自己的生命中

＊成分：佛手柑、安息香、玫瑰天竺葵、廣藿香、中國肉桂

＊使用方式：

- 營業空間適合直接將精油加入薰香工具做空間擴香
- 10 毫升植物油中加入總共 10 滴精油成為精油濃度 5% 的按摩油，塗抹在手腕、耳後、胸口、下腹部、骨盆、後腰處。
- 也可以此比例另外調製一罐精油濃度 5% 的豐盛滾珠，塗抹一圈稀釋後的複方精油在收到的紙鈔上。